外国人

との建設現場

降籏達生 著

コミュニ

ケーション術

雇用・育成・トラブル予防のポイント

JN108487

学芸出版社

はじめに

　建設業界は変革の時を迎えている。ICT の活用、働き方改革など、これまでの常識だけでは事業運営できない時代となった。中でも人手不足の背景を受けて、ダイバーシティ（多様性）の名のもとに、多様な人材を積極的に活用しようという考え方が進んでいる。男性社会であった建設業界にて、女性、障がい者、そして外国人と共存しながら、工事を進めていく必要性がますます高まっている。

　このような状況の中、日本の建設会社で働く外国人技能実習生や外国人技術者が増加している。まさに鎖国状態だった江戸時代から、開国した明治時代になったようなものだ。その一方、外国人と日本人との価値観の違いや、コミュニケーションの難しさに直面し、うまく外国人の能力を活かし切れていない建設会社が多い。どのような方法で外国人とのコミュニケーションを促進し、お互いがわかりあい、相互理解を進めていけばよいのか、悩んでいる人も多いことだろう。

　本書は、外国人と日本人との「コミュニケーション」に着目し、スムーズに人間関係を構築するための手法を具体的に解説することを目的として執筆した。

　まずChapter1 で、建設業が外国人を受け入れる背景を、建設業界の現状、外国人受入制度をもとに解説する。さらには、技能実習、特定技能、技能、そして技術者に分けて、どのようにして採用すればよいのかを記載した。

　Chapter2 では、外国人特有の生活習慣、価値観、宗教観を理解することの重要性、さらには日本人独特の特性や慣習をきちんと伝えることの重要性を解説する。

　Chapter3 では、外国人のモチベーションを高めるための方法を、マズローの欲求 5 段階説をもとに解説する。マズローの欲求 5 段階説とは心理学者 A. マズローが提唱する「人間の動機づけに関する理論」をもとに、

人間の持つ欲求を5つに階層化しているものだ。外国人が建設業にてやる気を持って働くための、組織の制度改革、風土改革の手法を活用してほしい。

　Chapter4では、外国人とのコミュニケーション術を、①親密力（アプローチ）、②調査力（リサーチ）、③文章力（ライティング）、④表現力（プレゼンテーション）、⑤交渉力（クロージング）の5つの段階に分けて解説する。①親密力（アプローチ）とは相手との距離を縮める方法、②調査力（リサーチ）とは相手の話をきちんと聞き取る方法、③文章力（ライティング）とは文章によるコミュニケーション技術、④表現力（プレゼンテーション）とは相手に口頭でわかりやすく伝える技術、⑤交渉力（クロージング）とは相手のノーをイエスに変える方法――である。それぞれの段階で、外国人とうまくコミュニケーションを取るための手法を具体的に解説している。

　Chapter5では、不法就労、事故、失踪などの問題が起きないようにするための予防措置と、万が一問題が起きてしまった後の緩和措置について解説する。実際に発生した具体的な事例をもとに説明しているので、問題解決の参考となるだろう。

　巻末には、付録として、日本語を十分に理解できない外国人とのやりとりを促進するための「8か国語 筆談集」や、「建設業に関連する在留資格一覧表」「外国人労働者の雇用管理の改善等に関して事業主が務めるべきこと」を添付した。さらに外国人技能者、技術者育成に役立つ「必要能力一覧表」「キャリアプラン」を教育計画立案に活用してほしい。

　さらに、6か国語による「建設専門用語集」を付録とした。これは日本人でも難しい建設専門用語を6か国語に翻訳したもので、写真、イラスト付きなので、日本で働く外国人が日本の建設現場で早期に慣れ、活躍するための助けになるだろう。

外国人とのコミュニケーション術を身につけることで、外国人がやる気、やりがいを持って働くことのできる建設業界をつくることができるだろう。日本人と外国人が共存する工事現場をつくることで「働き方改革」が進み、業界全体が活気であふれることを望んでいる。

　本書が今後の建設会社運営、さらには建設業界繁栄の一助になれば幸いである。

ハタ コンサルタント株式会社

代表取締役　**降籏達生**

CONTENTS

Chapter1

建設業が外国人を受け入れる背景

1. 建設業の現状と課題

　なぜ今、外国人材が日本の建設業界で求められているのだろうか。まず
は、建設業を取り巻く現状と課題について見てみよう。

　現在、建設業で働く技能者の年齢層を**図 1-1** に示している。60 歳以上
の高齢者は 81.1 万人（全体の 24.5 ％）だ。また、10 ～ 20 代の技能者は
36.6 万人（全体の 11.0 ％）である。今後 10 年間で 60 歳以上の人たちが離
職する場合、若手で補えないことがわかる。

　建設業就業者の推移を示したものが**図 1-2** である。

　建設業就業者は 1997 年がピークで 685 万人だった。しかし 2017 年には
498 万人にまで減少している。

　建設投資の推移を示したものが**図 1-3** である。

　ピーク時は 84 兆円の建設投資額であった。しかし、2010 年には約 42
兆円にまで減少した。その後、2018 年度には 57 兆円にまで増加したが、
一方で、就業者数は先に述べたように年々減少しているため、必要な工事
量を施工することができなくなるおそれがある。

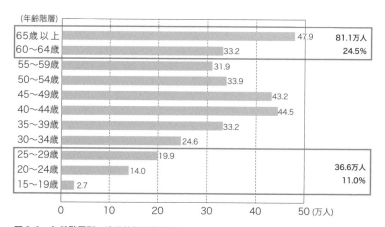

図 1-1　年齢階層別の建設技能労働者数
（出典：総務省「労働力調査」〈2017 年平均〉をもとにした国土交通省作成資料）

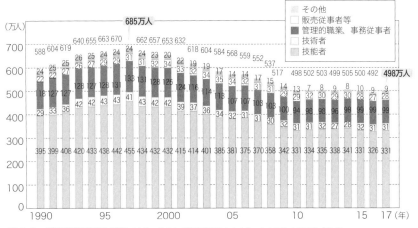

図 1-2　建設業就業者の推移（出典：総務省「労働力調査」をもとにした国土交通省作成資料）

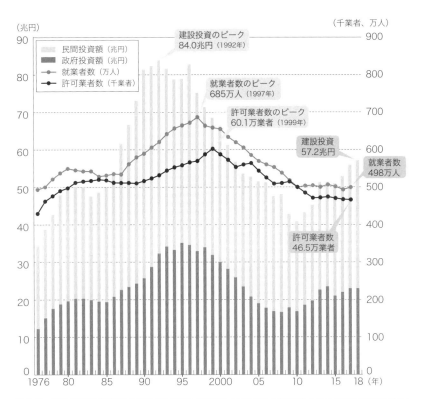

図 1-3　建設投資の推移（出典：国土交通省「建設投資見通し」「建設業許可業者数調査」および総務省「労働力調査」をもとにした国土交通省作成資料）

2. 建設業における外国人受入制度

　このような現状を受け、建設業では外国人技術者、技能者を受け入れる体制が整備されてきた。

　1990 年 6 月より法改正により、日系 2 世、3 世は、「日本人の配偶者等」または「定住者」の在留資格により技能者として働くことができるようになった。

　続いて外国人技能実習制度が、1993 年に制度化された。技能実習制度の目的は、日本の建設技能を開発途上地域へ移転し、その結果、その地域の経済発展を図ることである。そのため、技能実習法には、「技能実習は、労働力の需給の調整の手段として行われてはならない」（第 3 条第 2 項）と記されている。

　一方、上述した建設業界の人手不足を受けて、2015 年より東日本大震災復興需要、東京オリンピック・パラリンピックに向けた一時的な建設需要の増大に対処するため、「特定活動」在留資格によって技能実習修了者を就労者として受け入れる外国人建設就労者受入事業が実施された。

　さらに 2019 年より「相当程度の知識又は経験を必要とする技能」を持つ「特定技能」外国人を受け入れることが始まった。この制度は技能実習制度とは異なり、外国人労働者として長く日本で働くことができる在留資格である（在留資格の詳細は**付録 2** 参照）。

　このように年々、外国人受入制度が整備されており、外国人とともに働く日本人の意識改革と、異なる環境で育った外国人が気持ちよく働くことができる環境の整備を進めることが今後ますます必要となってくるだろう。

3. 外国人材を確保できない建設会社は生き残れない

人材採用手法

　このような建設業界の現状を踏まえると、外国人材を確保できない建設会社は今後生き残れないだろう。

　人材採用の手法は、日本人の新卒採用、日本人の中途採用、そして外国人採用に大きく分けられる。それぞれの特徴があるため、採用する職種に応じて勘案し、採用計画を立案する必要がある。

表1-1 には、日本人および外国人の採用手法の特徴を示している。

　ここでは、外国人採用について解説しよう。外国人採用は大きく4種類の方法に分かれる。

　1つ目は「技能実習1号・2号・3号」、2つ目は「特定技能1号・2号」、3つ目は「技能」であり、これらは技能職の採用となる。

　4つ目は、「技術・人文知識・国際業務」の採用で、技術職、事務職として採用できる。

　それぞれの採用手順を次に示す。

技能実習の場合

1. 希望人材の条件（年齢、性別、学歴／職歴、志望動機など）を監理団体に伝える。監理団体は、送出機関に対して希望を伝え、送出機関は候補者を選抜する。
2. 送出機関から紹介された候補者を現地やテレビ会議にて面接する。
3. 採用を決めると、監理団体は入国手続き（在留資格申請書類作成／申請、ビザ申請／発給の手続き）を実施する。また送出機関は、採用者の健康診断、トレーニング、入管申請（技能実習生の履歴書、送出元企業概要書、厚生労働省提出書類等を作成し、監督省庁に提出）を行う。
4. 実習生と雇用契約を締結する。

表 1-1　採用手法と特徴　　　　◎ 適している　○ やや適している　×適していない

		経営層・管理者	技術職	技能職	事務職	特徴
新卒採用	正社員	◎	◎	◎	◎	将来の幹部候補 定着率が高い 成長意欲が高い
中途採用	中途採用の正社員	○	◎	◎	○	即戦力として期待できる
	中途採用の契約社員 （有期契約）		◎	◎	○	別途給与テーブルが必要
	役員待遇	◎				社長との相性が重要
	シニア人材		◎	◎	○	業務を限定したスペシャリスト
	パート、アルバイト		○	○	◎	業務を限定した補助員
	派遣社員		○	×	◎	給与はパート、アルバイトに比べて高額になる
外国人	技能実習 1号、2号、3号	×	×	◎	×	技能実習生： 1年目：1号 2、3年目：2号 4、5年目：3号
	特定技能 1号、2号	×	×	◎	×	1号最長：5年 2号：期間無制限
	技能	×	×	◎	×	外国特有の建築または土木に係る技能について10年以上の実務経験がある者
	技術者 （技術・人文知識・国際業務）	×	◎	×	○	大学院、大学、専門学校を卒業又は決められた実務経験があること 事務や技術に関する職務に従事する者

5. 技能実習1号として1年経過後、基礎級受験（実技試験および学科試験必須）し合格すると技能実習2号となる。

6. 技能実習2号として2年経過後、3級受験（実技試験必須）し、合格すると一旦帰国（1か月以上）した上で、技能実習3号となる。

7. 技能実習3号として2年経過後、2級受験（実技試験必須）したのち帰

国し、習得した技能を発揮して母国で活躍することとなる。

特定技能の場合

【国内在住の外国人を採用する場合】

1. 求人活動を行う。
2. 応募があれば、採用試験を行う。
3. 特定技能雇用契約を締結する。
4. 「1号特定技能外国人支援計画」を策定し、在留資格を「特定技能」へ変更するための申請をする。
5. 在留資格「特定技能」の許可。
6. 就労開始。

【海外在住の外国人を採用する場合】※下線部が国内在住の外国人と異なる。

1. 求人活動を行う。
2. 応募があれば、採用試験を行う。
3. 特定技能雇用契約を締結する。
4. 「1号特定技能外国人支援計画」を策定し、「特定技能」の在留資格を申請する。
5. 在留資格「特定技能」の許可。
6. 海外の日本大使館などで「特定技能」ビザを取得する。
7. 日本へ入国、就労開始。

技能の場合

（外国に特有の建築、または土木に係る技能を有する人を採用する場合）

1. 求人活動を行う。
2. 応募があれば、採用試験を行う。
3. 雇用契約を締結する。
4. 「技能」の在留資格を申請する。
5. 在留資格「技能」の許可。

6. 海外の日本大使館などで「技能」ビザを取得する。

7. 就労開始。

技術者の場合

【日本の大学を卒業した外国人を採用する場合】

1. 日本の大学の土木学科、建築学科等採用する職種に合った学科に対して求人活動を行う。

2. 応募があれば、採用試験を行う。既卒者の場合、卒業証明書を確認する。

3. 雇用契約を締結する。

4. 「技術・人文知識・国際業務」の在留資格を申請する。

5. 在留資格「技術・人文知識・国際業務」の許可。

6. 海外の日本大使館などで「技術・人文知識・国際業務」ビザを取得する。

7. 就労開始。

【外国の大学を卒業した外国人を採用する場合】

1. 外国の大学の土木学科、建築学科等採用する職種に合った学科に対して求人活動を行う。この場合、外国の大学に直接アプローチする場合と、派遣会社を経由する場合がある。

2. 応募があれば、採用試験を行う。既卒者の場合、卒業証明書を確認する。

3. 雇用契約を締結する。

4. 「技術・人文知識・国際業務」の在留資格を申請する。

5. 在留資格「技術・人文知識・国際業務」の許可。

6. 海外の日本大使館などで「技術・人文知識・国際業務」ビザを取得する。

7. 就労開始。

4. 多様性を受け入れる覚悟を持て

　外国人を採用するということは、多様性を受け入れるということである。これまで、同じような資質の日本人だけで働いてきた建設業にとっては、種類の違う人が組織に入ることで違和感があることが多くあるだろう。しかし、外国人を受け入れるときには、多様性を受け入れる覚悟が必要だ。

　多様性を受け入れるためには、心理的安全性の高い職場にする必要がある。心理的安全性とは、多様性のある人が安心して過ごせる組織のことで、このような組織をつくることが重要である。

　たとえば、身体的多様性の場合で話をしよう。視力が4.0ある人には、視力がゼロの人の気持ちを十分に理解することはできないし、聴力が非常に高い人にしてみれば、聴力がゼロの人（つまり耳が聞こえない人）の気持ちはなかなか理解できないだろう。では、「キーン」という音と「ドーン」という音の違いを耳が聞こえない人に説明するには、どのように説明すればいいだろうか。身体的多様性を受け入れるためには、この音の違いを説明する能力を持たなくてはいけない。

　次に、知的多様性について解説をしよう。何かを説明するときに、知的能力が高い人は知的能力が低い人でも十分に理解することができるように、話をする必要があるだろう。たとえば、コンクリートがなぜ固まるのかについて小学生に説明するのであれば、小学生でもわかるように専門用語を使わずに説明をする能力を身につけることが必要だ。

　続いて、精神的多様性の場合である。精神的に鈍感な人と敏感な人がいる。鈍感な人からすると、なぜそのようなことに対して敏感に感じるのかを理解できないものだ。「何をやっているんだ」などと、ちょっと厳しい言葉で指摘をされると、精神的にショックを受けるような場合だ。しかし、たとえ精神的に鈍感な人でも身長3mの人から怒鳴られたとき、ショックを感じるだろう。鈍感な人は何も感じないような場合でも、敏感な人は常

に身長3mの人から怒鳴られているような恐怖や畏れを感じることがあるのだ。それを理解した上で、鈍感な人は敏感な人に接する必要がある。

　また、男女の多様性もある。建設業は男性が多い職場のため、女性に対する接し方を十分に理解できていないケースも多い。では、女性100名の中に男性が1人いるときの気持ちはどうだろうか。建設業で女性が働くということは、男だらけの中に女性が入るということ。男性社員や経営者はそれを理解することが必要である。

　年齢についての多様性も同じである。若い社員が忘年会に参加したくないなどというケースがあるが、そのことをベテラン社員は理解しようと努める必要があるだろう。逆にITに弱いベテラン社員をバカにするような言い方をする若手社員を見かけるが、相手の気持ちに留意すべきだ。

　そして、外国人の場合である。外国人にとって日本人が話す言葉はまったく理解することができないだろう。では、私たちが外国に行ったときに周りの人が話している言葉がわからず、その上自分の言いたいことが言えない気持ちはどのようなものだろうか。これを理解することが必要なのである。さらに文化の違いがある。これまで当たり前と思っていたことが、そうではない国があるということに違和感を持つかもしれない。それらのとまどいや違和感を受け入れる必要があるのだ。

　このように、多様な人たちと接するためには、受け入れる側にその覚悟が必要である。さらに多様な人を受け入れるためには、私たちの中に真意を伝える力量と、どのように伝えれば相手に通じるのかという能力を備えなければならない。

　Chapter2では、外国人を理解するために必要な、外国人の生活習慣・価値観を理解する方法を解説する。

日本の土木技術で、
発展途上国の発展に役立ちたい──中部土木株式会社

　土木、舗装施工を行う「中部土木株式会社」。現在、技能実習生4名のほか
に、技術・人文知識・国際業務ビザを持つ9名のエンジニアをミャンマーか
ら受け入れ、設計や施工管理業務をしてもらっている。

世界でもトップクラスの土木技術を、発展途上国に

　難波社長が海外からエンジニアを採用する思惑は、人材不足の解消ではない。
日本の土木技術を学んでもらい、途上国の発展に少しでも役に立ちたいという
想いによるものだ。以前、難波社長は東南アジアを視察し、インフラの脆弱さ
を目の当たりにした。大雨やスコールも多く、冠水や停電になることもしばし
ば。日本から技術者を派遣して支援するのではなく、自分たちで自分の国を整
備していける力をつけられれば、恒常的にインフラ整備ができ、もっと国が豊
かになるのではないかと思ったのだ。

　難波社長は、受け入れる国を1か国に絞ることにした。なぜなら、文化の
異なる国の人を混ぜると、現場でのコミュニケーションの負担が大きくなると
考えたからだ。インドネシア、ベトナム、カンボジア、ラオスと視察をした中
で、なぜミャンマーを選んだのか。その理由を、難波社長は「ずばり、フィー
リングです。ミャンマー人は奥ゆかしさや勤勉さを備え、家族や目上の人を敬
う国民性。彼らに私たちが見失いつつある古き良き日本を感じることができた
からです」と振り返る。道徳観の近いミャンマー人なら、日本人社員とも価値
観を合わせて上手く接していけると確信しているという。

学んだことを、自国のインフラ整備に役立ててもらえるように

　驚くべきは、今回インタビューをした4人のエンジニアのうち、3人が女性
だったこと。ミャンマーの大学で土木を専攻し、卒業後に来日した彼女、彼ら。
「ミャンマーでは男性よりも女性のほうが成績優秀な人が多いといいます。ま

た、自国のインフラをどうにかしたいという気持ちの表れか医学部よりエンジニアを目指す人が多く成績も上です」と教えてくれた。インフラ整備というのは、ミャンマーではエリートが携わる仕事なのだ。彼女、彼らは、日本に来た理由を「土木の中でも特に、日本はメンテナンスの技術がすばらしい。まだミャンマーではあまり発展していないので、ぜひ学びたい」「日本人の仕事に対する考え方に関心があり、日本で働きたいと思いました。仲間を家族のように大切にし、一生懸命働くというイメージがあります」などと、目を輝かせて話してくれた。

それを受けて、難波社長はビジョンを語った。「将来的に、中部土木で学んだ技能実習生とエンジニアがタッグを組んで、ミャンマーのインフラ整備に寄与できれば、こんなにすばらしいことはないですね。日本でも、ミャンマー人の現場監督とミャンマー人作業員で構成される"チームミャンマー"ができあがることを期待しています。そのためには、土木施工管理技士の資格が必要。日本の資格なので、漢字の読み書きも必要となりますが、ぜひチャレンジしてほしいと思っています」。

また、中部土木ではミャンマーからのエンジニアにレポートを課している。その日一日どのような業務にあたったかということを事細かに書き記し、それに対して部署の先輩や難波社長がフィードバックをする。日本語を書く練習になるだけでなく、毎日の業務で工夫したことや苦労したことなどを書き記しておくことで、帰国後にその経験による知見を広めることができると考えたのだ。

日本人の意識改革につながることを期待して

さらに難波社長はこう続けた。「最近の日本人は休みや給料といった条件的なところに目が向きがちだと感じています。そのような中で、ミャンマーから来るエンジニアは、技術力を磨きたいという強い気持ちで、仲間を家族のように大切に思いながら働いている。彼らと働くことは、日本人が忘れかけていたことを再認識するきっかけになるでしょう。日本人とミャンマー人がお互いを刺激し合い、影響し合い、良い化学反応が起こればいいなと思っています」。

実際、その成果は表れ始めているという。来たばかりで日本語がまだあまり話せないエンジニアを1人が助けようとすると、その周辺にいる仲間も自発

的に手伝い始める。言葉が通じにくい中で、粘り強くやり取りしている姿も見られた。

逃亡のリスクを抑える一番の方法は、良い人間関係の構築

　ミャンマーから来たエンジニアや技能実習生は会社近くの寮や社宅で暮らす。共同生活に近いため、孤独を感じることは少ないという。

　昨年縁あって入社した正社員の竹川さんは、ミャンマー出身で日本に帰化した人材で、生活面を中心に彼らを支え、2国間の架け橋となる存在として活躍している。

　竹川さんは自転車で10分ほどの近所に住んでおり、どんなことでも困ったことがあればすぐ竹川さんに連絡をするという仕組みができているので、安心して生活できる。竹川さんは、「先日、軒下に蜂の巣ができていると連絡があり、僕が退治に行きましたよ」と笑って話す。

　「他社で技能実習生などが逃亡してしまったという話を耳にすることもあります。私は、日本人だから、外国人だからと差別せず、常に正面から向き合って良い人間関係を築いていれば、そのようなことはまず起こらないと考えています」と難波社長。受け入れる前に、現地で両親と面談をして、会社の事業内容などについてきちんと説明するようにしている。

　入社後は、日本人の社員と同じように社内行事や慰安旅行で社員との親睦を深めていく。ミャンマー人同士も仲良く、新たな仲間を迎えるとき、ミャンマー衣装を着て現地の料理をつくって歓迎会をしたこともあるという。地域は違えど日本で働く友達も多いそうで、長期休暇の際には東京ディズニーリゾートやユニバーサル・スタジオ・ジャパンで集合して楽しく過ごすことも。日本での生活をエンジョイする彼女、彼らを難波社長と竹川さんは微笑ましそうに見ている。

外国人の生活習慣・価値観を理解する

1. 生活習慣・価値観を知る

外国人に安心感と緊張感を与える

　外国人とともに働くためには、日本の建設会社が外国人の生活習慣や価値観について理解することが必要である。日本人が生活習慣や価値観についての理解度が不十分だと、外国人側では不安を感じると同時に、「どうせ、日本人にはわからないだろう」と感じてしまい何をやってもばれないというような気持ちになってしまうことがある。反対に、日本の建設会社の社長や経営幹部が、外国人の母国の生活習慣や価値観に精通していることを知れば、外国人は緊張感を持って仕事に従事することができるだろう。

　Ａ建設株式会社のＡ社長は、ベトナム人技能実習生を雇用し、ともに働こうと考えた。

　雇用したベトナム人の中に、日本語が堪能なＢさんがいた。そのためＢさんが日本人と他のベトナム人技能者のパイプ役になっていた。ベトナム人技能実習生はＢさんを通じて仕事をし、Ｂさんの生活態度からのみ学ぶようになってしまった。

　こうなると一見上手くいっているようだが、外国人に関する業務すべてをＢさんが仕切っており、建設会社側からすると危険な状況である。Ｂさんが何らかの理由でいなくなると仕事が回らなくなるし、会社に対する不満や要望もすべてＢさん経由で伝えられてしまう。

　大切なことは、Ａ社長以下経営幹部が、外国の生活習慣や価値観を十分に理解し、外国人に安心感とともに緊張感を与えることだ。日本人がベトナム語を理解することがベストであるが、最低限生活習慣や価値観を理解し、外国人の生活に直接関与しなければ外国人とともに働くことはできないだろう。

「外国人」として十把一絡げにしない

　海外から来た人を、単に「外国人」として十把一絡げに取り扱ってはいけない。なぜなら、異なる国から来た人は、お互いに外国人同士であるからだ。現在、さまざまな国籍の人が日本の建設業で働いている。私たちから見ればすべて「外国人」となるわけだが、彼ら同士も外国人であり、それぞれ異なる生活習慣や価値観を持っている。

　領土問題や歴史問題、さらには宗教の問題がある。これらのことは、普段の会話で話題にしないようにするのがよい。こちらは何ということがない話題であっても、それを聞いた外国人にとって良い気持ちにならないことがあるからだ。

　B建設株式会社では、さまざまな国からの外国人を雇用している。しかし国境を接している国同士が領土問題で揉めてしまい、結局双方の国の出身者が退社してしまった。

　また、同じアジアの国であっても、さまざまな宗教を信仰している。宗教が異なれば生活習慣が異なるものだ。また、領土問題や歴史問題で、いまだに遺恨を感じている国も多い。

　とりわけ領土問題は、領土が接する国同士では少なからず存在する問題である。外国人同士も互いに外国人であるという認識を忘れないように、コミュニケーションをとる必要がある。

「共感」を強制しない

　これまで外国人の生活習慣や価値観を理解することが重要であると書いてきた。しかし、理解はできても共感することは難しいこともある。日本国内でさえ、異なる地域で育った人同士、うまくコミュニケーションがとれないことがある。それが海外であればなお、相互に共感することは難しいことだろう。共感は心の問題だが、理解は頭の問題だ。心では共感でき

ていなくても、頭では理解することができる。まずは外国人を理解するように努めることが大切である。

　C建設株式会社では、外国人技能実習生を雇用してきた。しかしあるとき、現場でミスが発生したり、工期が遅延したり、品質上の問題が発生するということが起こった。そしてC社長は、その原因を自社内の日本人と外国人との間に壁があるからだと考えた。

　そこで、C社長は日本人、外国人双方にコミュニケーションに関する研修を実施し、相互に報連相（報告、連絡、相談）を徹底するように教育した。さらに報連相が不十分で現場でミスが発生すると、罰則があるとも話した。

　ところがしばらくして、外国人の8割が退職してしまった。C社長が行った報連相の教育が、「共感」の強制であり、心の持ち方を変えよ、と伝わってしまったのだ。

　重要なことは、まずは相互の生活習慣や価値観を学ぶこと。日本人、外国人がそれぞれの特性や習慣を理解することから教育をスタートすべきだったのだ。「共感」を強いると、反発として跳ね返ってきてしまう。

　私（筆者）は中学生時代、父の仕事の関係でフィリピンにて過ごした。当初は、日本人とフィリピン人との違いを理解することができず、毎日が苦痛であった。日本人と比べて、フィリピン人がのんきで怠け者に見えたからだ。しかししばらく経つと、自分自身ものんきになっていることに気づいた。毎日暖かく、四季がない環境ではどうしてものんびりしてしまうのだと改めて共感することができたのだ。フィリピン人はのんきで怠け者なのではなく、明るく楽天的だったのだ。外国人の生活習慣や価値観を理解することができると、徐々に共感することができるのだということを実感できた。

2. 宗教的考え方を知る

宗教観を理解しながら日本の文化を伝えよう

　日本には、その土地に入れば、その土地の習慣に従うべきだという考え方がある。そのため、日本人主体の職場では、"日本では日本のやり方に合わせてほしい"というような言葉を使う人をよく見かける。

　一方で、外国人が持つ宗教観を理解する土壌をつくることは、重要である。つまり、日本の文化を伝えながらも、外国人の宗教観を理解することを両立させることが必要だ。

　D建設株式会社には、各国から来た技能実習生が働いていた。ところが、ある外国人から「Aの仕事は宗教上の理由でできない」と言われた。一方、他国の外国人からは「Aの仕事はできるけれど、Bの仕事は宗教上許されない」と言われた。D社長は、なんとか両者を調整しようとしたが、すべてに対応することができず、悩んでしまったのである。

　さて、この場合D社長はどうすればいいのだろうか。

　まず、D社長は各外国人の要求を聞き、その話を理解することが第一ステップである。飲食や生活に関する要求であれば、受け入れることもあるだろう。ただし、少なくとも仕事に関してはすべての要求をのむことができないということが明確であれば、その要求は受けられないとはっきりと拒絶すべきである。なぜなら、ある外国人の宗教観が理由で融通を利かせるということは、日本人や他の外国人に対して不公平となる。たとえ宗教観の違いであっても、こと仕事に関して不公平な要求には応じるべきではない。

　つまり、外国人の宗教観を理解することは必要だが、仕事や業務に大きな影響がある場合、日本の仕事の進め方を理解してもらうことが重要である。

避けたほうがよい話題とは

　外国人との間でコミュニケーションを活発にするためには、雑談が有効だ。「元気ですか」「こんにちは」「今日の天気はいいですね」「趣味は何ですか」などと豊富なテーマで話をすることで、相手との関係性が深まる。

　一方、外国人の宗教観はそれぞれ異なるため、避けたほうがよい雑談の話題もある。それは、宗教や政治などの思想、外見（身長、体重など）や既婚・未婚の別、子どもの有無などである。とりわけ外国人にはこのようなプライベートな内容に対して非常に敏感で、嫌な思いをする人が多い。

　ただし、コミュニケーションをより深めるためには、あえて個人的なことを話題にするほうがいいこともある。そのときは、質問ではなく、自分の個人的なことを先に話すといい。たとえば、既婚・未婚の別や子どもの有無に関して、「あなたは結婚しているのですか」と聞くのではなく、「私は結婚しており子どもが２人います」と自分からプライベートな話をするのだ。そうすると、相手はその話題に応じないこともできるし、応じた上で「私は結婚していないけれど、結婚する予定の恋人がいます」と自分から話をしてくれることもあるだろう。

　避けたほうが良さそうな話題であっても伝えたほうがコミュニケーションが深まりそうな場合は、相手に質問するのではなく、まず自分の話題として提供する。これが異なる文化を持つ人との間でのコミュニケーションの基本である。

宗教的行事への賃金支払いの必要性

　国によっては、宗教的行事がある。たとえば、イスラム教徒は１日５回の礼拝、キリスト教徒は日曜日に教会で礼拝を行う。

　それでは、このような宗教的行事に当てる時間に対して賃金を支払う必要はあるのだろうか。休日に行う礼拝は賃金を支払う必要がないにしても、業務中に礼拝を行う場合、休憩扱いにして無給にすべきだという他の従業員からの声が上がってくることもあるだろう。

このような場合、礼拝などの宗教的行事の時間、回数、場所などについて、社内でルールを作成することが必要だ。そしてルールをつくる際、当該外国人と日本人双方の意見や希望を十分に聞くことが重要だ。

たとえば、1日5回の礼拝は、1回5〜10分の短時間にすることや、業務日である日曜日に礼拝に行く場合、午後からの出勤にするか、1日中休日にするべきかなどを、明確にするべきだ。

一方、宗教的行事ではないが、日本人の中には定期的に喫煙する人がいる。1日5回の礼拝を短時間にするということであれば、当然喫煙で席を外す時間も短くすることが必要だろう。それぞれの宗教的行事や個別の習慣についてよく理解し、外国人や日本人と協議の上、ルールをつくることが欠かせない。

3. 日本人の特性や慣習を伝える

日本人の当たり前と外国人の当たり前は異なる

日本と外国ではその慣習は異なる。日本では良くても、外国では悪いとされていることも多くある。また、その逆もあるだろう。

たとえば、日本の建設業における教育は、OJT（職場内教育）が主体で、現場で学んでこそ、実務に役立つ知識と経験を身につけることができると考えられている。そして、時に厳しく叱咤することも教育手法として用いられる。

一方外国人の中には、OJTだけでは不十分で、Off-JT（職場外教育）も必要だと考えたり、叱るのではなく褒めて育ててもらいたいと思っている人もいる。

E建設株式会社は、これまでOJTを主体に社員教育を行っており、上司が部下に現場で厳しく指導することで、人材育成を進めていた。そこで、

E 社長は日本人と外国人とで差をつけず、外国人にも日本人と同様、OJT主体で教育をしていた。

ところがある日、E 建設の外国人全員が E 社長に対して辞めたいと言ってきた。E 社長が驚いて、その外国人に理由を聞くと、彼らは「まともに教育してくれない」と言ったのである。OJT は外国人にとって、厳しすぎて教育されているとは感じなかったのだ。

このように、日本人にとって当たり前のことも、外国人にとってはそうは感じないこともある。なぜ厳しく伝えるのか、何を期待しているのか、そして1年後、2年後にはどのようになってほしいのかなど、詳細に外国人に伝える必要があるだろう。

何事も目的を伝えずに実施すると、真意が理解できず誤解する外国人がいるのである。

建設業の管理5原則を伝える

仕事をするに際して、外国人にも建設業の管理5原則を周知しなければならない。日本の工事現場における管理5原則とは、品質、原価、工程、安全、環境という5つである。

「品質」の原則とは、良い品質のものを提供する、そして顧客満足を第一に考えること。「原価」の原則とは、作成した実行予算の原価内で行うことについての重要性を理解すること。「工程」は、あらかじめ定めた工程を守り、工程通りに仕事を進めること。「安全」は、現場で自分自身がけがをすることがないよう、また仲間が安全に作業することができるように最重視すること。「環境」は、自然環境や周辺環境を守り、近隣の住民に迷惑をかけないこと。そして水や空気、土を汚さないように仕事をすることの大切さを理解すること。これが管理5原則である。

まずは、これらの管理5原則を十分に周知・徹底したあと、3K（決めたことを、決めた通り、きちんとやる）といわれる日本の仕事の原則も伝えなければいけない。建設業の現場では、決められた手順をその通りに守

りながら運用することが重要であるということだ。

　F建設株式会社では、外国人に、まずは現場の作業手順を教育し、その手順通りに現場で作業するように伝えていた。

　ところがある日、F建設の現場監督が現場に行くと、外国人が手順通り作業していないことに気がついた。その外国人に、なぜ決められた作業手順通り仕事をしていないのかを聞いたところ、とにかく工期に間に合わせないといけないと思い込んでおり、品質は後回しにしてもよいと考えていた。

　つまり、大切なことは「原則」を繰り返し、繰り返し伝えることである。一度話したからといって正確に伝わっているとは限らない。伝えなければならない回数は、伝える人数の平方根だといわれている。4人であれば$\sqrt{4}$で2回、9人であれば$\sqrt{9}$で3回だ。25人いれば、5回言わないといけないということだ。特に言葉の壁がある外国人に対しては「原則」を口酸っぱく話す必要がある。

外国人の特徴を活かす働き方

　外国人を雇用する建設会社では、外国人を雇用するのは賃金が日本人よりも安いから、と考えて採用するケースが多く見受けられる。

　一方で、外国人特有の専門性や特徴、得意な点を活かして工事現場で働いてもらうことでこそ、外国人とともに働くことのメリットがある。さらには、外国人に日本との間の架け橋になってもらうことで、海外ビジネスを展開している建設会社もある。

　G建設株式会社では、中国人技術者を雇用している。当初G社長は中国人に対して不満を持っていた。自己主張が強く、日本人との間でいさかいが生じていたからだ。

　しかし、多くの中国人は自己主張が強い一方で、成果を出すことを重視

するのが長所だ。つまりつくり出した成果についての評価を求める。一方、日本人はプロセス主義で、行った行動について評価を求める人が多い。たとえば、中国人はたとえ決められた手順通りの作業でなくても工期を間に合わせるという成果を達成しようとする。一方日本人は決められた手順をしっかり守ることに焦点を当て、その結果工期遅延してもやむをえないという考え方の人もいる。

　G社長は中国人に対して、仕事の成果よりも、そこに至るプロセスを重視して評価をしていた。それに対して中国人が不満に感じていたのだ。

　そこでG社長は成果を重視するような評価基準に見直すこととした。そのことで、逆に日本人技術者に成果を上げることの意識が以前よりも高まり、業績が向上したのである。

　このように、外国人の特徴を活かす働き方に改革することで、外国人が自社に良い影響を与えてくれるのである。

意外と知らない日本式マナー

　日本で生活するにあたって、必要な日本式マナーがたくさんある。日本で暮らす上で必要な心構えを外国人にあらかじめ伝える、もしくは教えることは重要なことだ。ここでは、日本に住む外国人にどのような日本式マナーを伝えればいいかについて説明する。

日本生活の心構え

　日本で暮らすとさまざまな誘惑がある。慣れない暮らしからくるストレスや、金銭的な問題などがあっても、誘惑に負けなければ法律や警察が守ってくれるが、いったん誘惑に負けてしまえば、誰も守ってはくれない。では、どのような誘惑があるのだろうか。

　それは、店や他人の物を盗む、違法な仕事をしてお金を稼ぐ、ギャンブルや異性関係で遊んでしまうなどである。海外においてはこれらの犯罪に対して刑罰が甘い国があり、その結果、犯罪行為に対する認識が甘い外国

人がいる。

　このような誘惑に負けてしまうと、日本では、法律そして社会から制裁を受けることを理解してもらう必要がある。逮捕される、強制送還される、犯罪に巻き込まれ命を失う——などの危険性があるということを、外国人が理解するようしっかりと教えよう。

　日本で快適かつ安全に暮らすためには、日本の慣習に従って生活することが重要だ。よく言われる価値観に、八徳と呼ばれる「仁義礼智忠信孝悌」がある。以下、これらの意味を解説しよう。

◉仁（じん）

　「仁」とは思いやりである。自分のことより「他人」や「場」を優先して考えることだ。

　そのためには、自分勝手なふるまいをよしとしない。たとえば、現場で誰かを傷つけるような自己主張をしない、会議で決まりかけた工法をひっくり返すような発言やふるまいをしない——などの風習だ。もちろんこのことに対しては善し悪しがあるが、多くの日本人がこのようにふるまっているのは事実だ。

　また、日本人は相手に好意を表すために笑顔を重視している。幼いころから笑顔でいることを求められている。一方、外国人からすると、日本人はいつもにこにこしていて不思議で気持ち悪いと思うこともあるだろう。

　外国人に対して、笑顔を強要することはないが、日本人の笑顔の理由である「仁」の考え方を伝える必要がある。

◉義（ぎ）

　「義」とは決められたことをきちんと行うことだ。たとえば、約束・時間・ルールを守ることを日本人は重要視している。

　とりわけ、建設業では約束・時間・ルールを守らないと、現場でけがをしたり、工程遅れや品質の低下、さらには無駄な原価を使うということにもなりかねない。このように、建設工事現場では特に、約束・時間・ルー

ルの順守を徹底するように伝えなければならない。

　日本人は、交通信号をきちんと守るのに対して、左右を見て安全であれ
ば赤信号でも渡っても良いと認められている外国もある。ルールによらず、
自分の体は自分で守るという自己責任意識が強いのだ。

◉礼（れい）

　「礼」とは相手に対する感謝の気持ちを表すことだ。相手の行為に対し
て感謝の気持ちを表すときには「ありがとう」の言葉で返すというもの。
一方、相手の期待に応えられなかったときには「ごめんさない」と返すこ
とも「礼」の一部である。

　また、相手に対する感謝の気持ちをこめて、報連相（報告・連絡・相談）
をすることも重要だ。自己責任意識が強い外国人の中には、「自分でなん
とか対処しよう」と考えてしまう人もいる。日本人は特に、相手に対する
配慮の気持ちを重要視するため、誰にどのように報告、連絡、相談をすれ
ばよいのかを外国人が理解するようにしよう。

◉智（ち）

　「智」とは単に知恵があることではなく、学び続けることである。日本
に来て働こうという外国人はおそらく「智」の気持ちが強いことと想像で
きる。この点、日本人が外国人から学ぶべきことかもしれない。

◉忠（ちゅう）

　「忠」とは努力することである。前述したように日本人はどちらかとい
うと成果よりも努力、つまり行動することを優先して考える。外国人には、
成果を出すことはもちろん重要ではあるが、普段の行動、努力ぶりを上司
はしっかり見ていることを理解してもらう必要がある。

◉信（しん）

　「信」とは約束を守ることだ。日本の公共交通機関が時刻表通り正確に
運行していることは有名な話だ。これは日本人が「信」を重視しているこ
との表れだろう。

　遅刻に対する考え方は、外国人と日本人とではかなり異なる。外国人の

中には時間にルーズで、遅刻することに対して日本人ほど罪悪感がない人も多い。そうでなくとも、外国人は日本の交通ルールに慣れていないため遅刻しがちだ。母国にいる時よりも、より時間に余裕を持って行動するように伝えよう。

◉孝（こう）

「孝」とは目上の人、年長者を敬ったりその立場を重視することだ。外国によっては、公平、平等の精神が強く、相手の年齢や立場を気にしない国もある。母国の価値観のまま日本で行動すると、相手から無礼に感じられてしまうことがある。

建設業では、元請が下請に指示をすることがあるが、指示を出す相手が年長者であるときなど、言葉遣いに注意することが重要である。

◉悌（てい）

「悌」とは、目下の人、年少者を敬ったりその立場を重視することだ。目上の人に対するのと同様に目下、年少者相手でも、丁寧な言葉遣いや対応をするよう外国人に伝えよう。

ここまで、日本のビジネスマナー、慣習の話をした。日本で仕事をする限りは、外国人であっても日本の慣習を理解し、実践するように努めるべきだろう。

日常生活のルール

外国人が日本で生活する上で、母国とは異なるルールも多い。ここでは、多くの外国人がとまどう日本独特のルールであるゴミの出し方、交通ルールについて説明する。

◉ゴミの出し方

日本では、ゴミの出し方のルールが厳密に定められている。さらに、各市町村でルールが異なるものだ。一方、外国では日本のように細かく決められていない国のほうが多い。そのため、ルールを守らずゴミを捨て、近

隣住民と揉め事になることが多い。もし外国人が理解していないようであれば、よく説明しておこう。

◉交通ルール

車を運転していない場合でも日本の交通ルールを守ることは重要である。特に日本のように左側通行は世界では少数派である。世界では70程度の国や地域が左側通行であり、日本以外であれば、イギリス、オーストラリア、ニュージーランド、パプアニューギニア、インド、香港、ケニア、南アフリカ共和国、タイなどだ。かつてイギリスの植民地であった地域に多い。これ以外の国々から来た人は、左側通行に慣れていない場合もある。

また日本では、赤信号で歩行者も車両も止まるのが常識だが、外国では安全を確認して通行しても良いというルールの国もある。日本の車両運転手は、赤信号で急に人が飛び出してくることに慣れていないため、母国のルールのまま信号無視すると事故に遭うおそれがある。

歩行者が守らなければいけない最低限の交通ルールを外国人にきちんと説明する必要がある。

体調不良時の対応

建設工事現場で働いていると、体調不良になることもあるだろう。会社や現場でのけがや病気の場合は、周囲の人が対応することができるが、問題となるのは私生活のときの体調不良だ。

体調不良のときに向かうべき病院を知らせておくと良い。症状別に行く病院が違えばそれも表にして手渡すのがよいだろう。自力で歩けるのであればその病院に行く。自力で歩けない場合は、「119」に電話して救急車を呼ぶことを伝えよう。

病院で自分の体調を伝えられない場合は、症状を医療機関に申告できるよう「自己申告表」を活用するとよい。その際、必ず上司に連絡をするように伝えよう。

母国と異なる法的制度

　母国と異なる日本の法的制度は、外国人には理解しにくいものだ。自分の力では知ることのできない難しい制度や手続きを、最低限理解してもらうレベルまで伝えるべきだろう。

　日本の制度のうち、特に外国人に伝えるべきことは、母国と異なる可能性が高い制度、発生時に早急な対応が必要な制度、知ると得する制度である。ここでは、以下の6つの内容について解説する。

①源泉徴収（社会保険料、税金）

　外国人も日本人と同じように、給料から社会保険料と税金が差し引かれる。また、住民税は前年分が課税されるため、来日1年目は課税されない。しかし帰国する際には、前年分に加えてその年の住民税を一括して支払わないといけないので多額の出費となる。当初伝えられていた給料から、前述の金額分少ない金額が支払われることにとまどいを感じる外国人もいる。事前によく、理解してもらう必要がある。

②住民登録

　長期滞在する外国人は、住民登録をする必要がある。住民登録をしなければ、各種の行政サービスを受けることができないため、必ず住民登録手続きをさせなければならない。また、帰国の決定後には、転出証明書を忘れずに提出することも伝えよう。

③在留カードの紛失

　在留カードとは、長期滞在の外国人にとって身分証明書となるものだ。これは日常的に携帯する義務がある。

　紛失した場合、必ず14日以内に在留カードの再交付の申請をする必要がある。そのため、在留カードの写しをとっておくことが欠かせない。

④パスポートの紛失

　パスポートも在留カード同様に身分証明書となり、在留資格を更新する際に必要となる。

紛失した場合は早期に再交付の申請をしなければならない。そのため、パスポートは必ずコピーをとっておき、パスポートとは別のところに保管するようにしよう。

⑤扶養控除

外国人に扶養する親族がいる場合、税金を低減させる制度が日本人と同様に適用される。そのために、来日前に親族関係書類を受領し、扶養者名義の銀行口座情報を確認しなければばらない。また、実際に扶養者に送金していることを証明することも必要だ。免除された税金は年末調整時に還付される。

⑥年金の脱退一時金

外国人が年金に加入し6か月以上就労すると年金受領の権利が発生する。その後、帰国する際に、脱退一時金としてその年金額を受け取ることができる。

なお、脱退一時金の請求期限は、日本出国後2年以内であることも外国人に伝えたほうがよいだろう。

4. 多様性への配慮

性同一性障害の外国人従業員への対応

性同一性障害の人への配慮は、外国人に限らず日本人の場合にもありうることだ。しかし、性同一性障害の人への対応は、国によって異なる。多様な特性を持った外国人が、日本の建設業で気持ちよく働けるような環境づくりが重要である。

性同一性障害の外国人が、トイレや更衣室で男女いずれの性別のほうを利用するのかを決める必要がある。性同一性障害の人だけではなく性的少数者の人たちが困らないように、男女ともに使えるトイレや更衣室を設けることも必要になるだろう。

日本の建設現場では、ようやく女性用トイレが置かれるようになった現状であるが、今後外国人に限らず、性的少数者に対応して現場環境をつくることが重要だ。

同性パートナーへの対応

　日本の多くの行政機関では異性の夫婦に限って、法律上の夫婦と認められている。法律上の夫婦にのみ、行政サービスや会社の制度が適用される。そのため、同性のパートナーでは、法律上の夫婦のために用意された各種制度を利用できないことが多い。

　日本人に比べて同性パートナーを得ることに抵抗が少ない外国人は多く、同性パートナーに対してどのように対応すべきなのか、という問題に直面することがある。該当する市町村担当者とよく相談をして対応方法を検討する必要がある。

　また性的少数者の場合、在留資格取得に際しても課題がある。

　通常、外国人が日本人と結婚している場合、在留資格「日本人の配偶者等」によって日本に滞在することができる。ところが、同性婚の場合、日本では夫婦と認められないため、在留資格「日本人の配偶者等」は与えられない。

　一方、外国人同士がそれぞれの本国で有効な同性婚をし、2人のうちの片方に在留資格がある場合、その同性配偶者に対して在留資格「家族滞在」が与えられる。

　少数派の外国人に対しても働きやすい環境を整えることは、今後より良い外国人を確保するという点で重要になってくるだろう。

「選ぶ」のではなく
「選ばれる」立場であると自覚しよう——三州土木株式会社

　愛知県にある「三洲土木株式会社」の創業は1958年。土木を中心に、建築、コンクリートや土のリサイクル、不動産など幅広く事業を展開している。2015年に1期生として2名のベトナム人技能実習生の受入を開始。現在は4名の技能実習生の他、2名の特定技能1号生に加え、高度人材として採用したベトナムの建設系大学卒業生2名の合計8名が就労している。金田英治社長は外国人技能実習生を"子どもたち"と呼んで温かく迎え入れている。

外国人技能実習生の受入は、会社に若い人を増やすための施策のひとつ

　「新しい風を吹き込みたい」。その想いから、金田社長は外国人技能実習生の受入を決意した。彼らの受入を始めるのと同時期に、創業以来、初めて大卒新人の採用をした。「社員の高齢化が進むと、企業活力が失われ競争力は衰退していく」と、危惧していたのだ。ほんの5年前には中途で入った31歳の社員が最年少なんてこともあったというが、今では外国人技能実習生を合わせると11名の10〜20代社員が働いている。

　また、この業界には「言わなくてもわかるだろう」という空気があるという。元来建設業は徒弟制の、職人の世界として発展してきた。したがって、「仕事は見て覚えろ」が基本だ。そうなると、後輩に対して懇切丁寧に仕事を教えるという視点は欠ける。実際のところ、三洲土木で10年以上働く社員たちも、若い頃先輩から仕事を教えてもらった自覚はないという。「現場でのコミュニケーションを改善せよと命令しても意味がない」。金田社長は続ける。「先輩社員は、若手社員との接し方がわからない。どうしたらいいのか、実は先輩社員も困っていました。なぜなら、若手との接し方を教えてもらった経験がないからです」。そこで、技能実習生や新卒の採用前に会社の土壌から整えていった。そこには、まず反省すべきことがたくさんあった。働くことの意味や会社の理念を、これまで社員に伝えたことがなかった。「社長が何を考え、会社がどこに向かうのかがわからなければ社員は力を存分に発揮できない」。

まずは小さなこと、名札をつけることから始めた。「お客様に仕事を評価してもらえるように。名前で呼んでもらえるように」と考えたからだ。給与制度や就業規則など制度設計を根本から見直した。同時に働く意義を伝えながら、少しずつ全体の雰囲気を変えていった。すでに働いている社員を大切にすることの重要性を実感した。

　当初の狙い通り、外国人技能実習生は組織に新しい風を吹き込んでくれた。はじめはカタコトの日本語しか話せなくても、素直な若者たちの日本語はすぐに上達した。仕事の飲み込みも早かった。彼らの成長を助けることが、自分たちの成長にもつながることを皆が実感した。彼らに仕事を教える中で「自分たちが当たり前だと思っていたことは、当たり前ではないのだ」と気づき、「仕事は見て覚えろ」という習慣を改善するきっかけにもなった。

　ときに、金田社長が日本人の新入社員を「技能実習生に負けるなよ！」と鼓舞することもある。逆に日本人の若手が技能実習生に仕事を教えられ、「タイさんは、すごいっす」と言いながら、外国人技能実習生を慕う姿も見られる。国境を超えて尊敬し合い、高め合う。そんな関係ができつつあるのだ。

外国人技能実習生を取り巻く環境は、急激に変化している

　2015 年以降、ほぼ毎年のペースで外国人技能実習生を受け入れている金田社長。「1 期生と、2019 年 1 月に来た 4 期生では"子どもたち"の様子が大きく変わっている」と話す。「1 期生はスマホなんて持っていませんでしたが、今の"子どもたち"は皆持っていますね。また、面接のときに身に着ける服や時計、靴なども違ってきた」。

　一方で受け入れる側の日本でも、2015 年と 2019 年では外国人技能実習生の最低賃金が時給で 100 円近く上昇している。2015 年の 1 期生と比べると、外国人技能実習生に支払う給料は 2 割近く上がっているという現状だ。手にする給料が 2 割上がると、彼らの生活も変わる。1 期生には「6 畳 1 部屋に 1 人はもったいない。2 人で住み、部屋代を節約したい。その分は親に仕送りしたい」と言われたが、今は 1 人 1 部屋になった。また、会社と同じ敷地内にある寮はシェアハウスのスタイルで、キッチンで自由に調理ができるようになっている。技能実習生たちは全員料理が上手だが、購入する食材が豊かになり、

昼食は弁当持参から外食になった。

　金田社長自身も、あるとき1年8か月ぶりにベトナムを訪問したところ、新しい空港が開港し、アクセス道路に新しい橋が架かり、その眼を見張るような発展に驚いたという。「年々変わる"子どもたち"の様子に、我々のほうが対応する必要があると感じています。組織の柔軟性が問われているのです」。

「選ぶ」のではなく「選ばれる」立場であると自覚することが大切

　外国人技能実習生の国別割合は中国人からベトナム人が1位になり、外国人技能実習生自体の数も1.5倍近くに増えた。金田社長は実習生の送り出し機関から「建設業への就労希望者は減少傾向にあり、企業によっては応募者が確保できないケースも出始めている」と聞いたことがあるという。一度受け入れた外国人技能実習生が、3号として日本に再入国する（p.14）際、自社を選ぶ保証もない。なぜなら「東京にはもっと給料の高い会社があるよ」と誘われることも多いからだ。スマートフォンが普及したことで、SNSを通じて給与や待遇、会社の雰囲気などといった情報は筒抜けになった。「かといって、単に賃金を上げたり休みを増やすだけでは根本的な解決にならないのが難しいところ。安心して働けるような土壌づくりや、制度設計が重要です」と金田社長。

　受入の際には、社長自ら現地へ足を運ぶ。募集段階では、ベトナム語で字幕をつけた自社の紹介ムービーを流して、それを見てもらうことから始める。職場の風景や仕事の様子が収められている動画に加えて、お花見を楽しむ"子どもたち"の様子が収められた動画もある。仕事内容などの働き方はもちろん、会社の雰囲気といったソフトな面もしっかりアピールすることで、日本で働く姿をイメージしやすくして、心を掴むのだ。

ベトナム人でも、日本人でも、真面目な子は真面目。国籍は関係ない

　「ベトナム人はよく勤勉だといわれるが、全員がそうではないと教えてもらったことがあります。人によるのです。真面目な子もいれば、仕事に熱心ではない子もいる。日本人でも同じことがいえます」と話す金田社長。受入に際してもしっかり時間を取って面接をする。「家族のことなど、いろいろなことを

質問します。数十分じっくり話せば、その人のひととなりが見えてくるものです。重視しているのは、人間力。態度ひとつで周りに与える影響が変わるので、周囲に面倒を見てもらえるようなチャーミングさ、明るさ、笑顔を備えている子がいいですね。家族と仲が良い子を採用する傾向にあります」。実は、面接で重視することは、日本人の新卒採用でも同じだ。

また、金田社長は送り出し機関となる監理団体ともしっかり面談を重ねるようにしている。事前に日本語や日本での生活について、厳しくしっかり指導してくれる送り出し機関を見極めることが重要だという。

会社の雇用制度を整えることでコミュニケーションが円滑に

三洲土木株式会社では、外国人技能実習生も採用当初から月給制となっている。日本人でも日給制という慣習のある建設業では、珍しい取り組みといえるのではないだろうか。その理由を金田社長は、「もともと時給900円ほどの換算になっており、彼らはそのうちの大半を母国に送る。もし、『雨などで仕事がない』と不安定な状態だと、どうしても自分のためだけに仕事をしてしまいがちになる。それでは、仕事に集中することも、会社に対しての愛情を持つこともできないと思うのです」と話す。まずは、会社側から安心して働ける環境を提供してあげる。すると、自ずと周囲とのコミュニケーションも円滑になるはずだという。

「リーマンショック前後に、日本の社会全体が若者の正社員雇用を減らしたり、内定取り消しをしたりして、安定して働く機会を奪いました。そして、『フリーター』や『ニート』などという耳触りのいい言葉を生み出し、非正規労働の不安定な状況を若者たちに押しつけました。当時の反省もなく、今度は外国人実習生を同じような状況に追い込むことがあってはならない」と語気を強める金田社長。親のように温かい目で、"子どもたち"の成長と幸せを願っているのだ。

Chapter3

外国人のモチベーションを高めるには

マズローの欲求5段階説とは

　心理学の用語の中でも、「マズローの欲求5段階説」という言葉を聞いたことがある人は多いだろう。この理論は、建設業が迎え入れた外国人がいかにしてやる気と成長意欲を持って働くかについて考えるために役に立つ。ここでは、「マズローの欲求5段階説」を解説する（**図3-1**）。

　欲求5段階説は、1943年に、A.マズローが発表した論文「人間の動機づけに関する理論」で世の中に出た。人間が持っている欲求を5つに階層化して解説をしている。その5つの欲求は以下の通りだ。

(1) 生理的欲求　(2) 安全の欲求　(3) 所属と愛の欲求　(4) 承認の欲求
(5) 自己実現の欲求

　下から（1）〜（5）の順に並んだ欲求は、低いものから順番に現れ、その欲求がある程度満たされると次の段階の欲求が現れる。そして、どの階

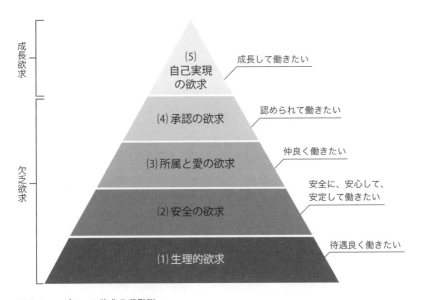

図3-1　マズローの欲求5段階説

層の欲求を満たしているかによって、その人の幸福度が決まるのだ。

　それでは、各欲求について解説していこう。

1. 生理的欲求

　「生理的欲求」は、人を動機づける最も根源的な欲求である。酸素、食物、飲料、性、睡眠など人の生命維持に関わるものが生理的欲求にあたる。

　日本で働く外国人の場合には、給与、休日、残業など、生活に関わる条件についてより良い待遇で働きたいという欲求である。

2. 安全の欲求

　生理的な欲求がある程度満たされると、「安全の欲求」が現れる。身の安全、身分の安定、他人への依存、保護された気持ち、不安・混乱からの自由などを求めるのが安全の欲求である。

　日本で働く外国人の場合、当初日本は「真っ暗な森」と感じるかもしれない。見知らぬ異国にて働くとき、「真っ暗な森」に入ると不安や恐怖を覚えることだろう。森の中で光を感じ、安全、安心に、安定して働けるようになりたいという欲求である。

3. 所属と愛の欲求

　生理的欲求と安全の欲求が満たされると、「所属と愛の欲求」が現れる。家族や恋人・友達・同僚・サークル仲間など共同体の一員に加わりたいと思ったり、周囲から愛情深く温かく迎えられたいと思う欲求だ。

　日本で働く外国人にとっては、近くに同じ国の仲間たちや、自分の気持ちをわかってくれる日本人がいて、互いに交流しながら働きたいという欲求である。

4. 承認の欲求

　「所属と愛の欲求」が満たされると、今度は「承認の欲求」が芽生えてくる。

周りの人たちから認められて働きたいという欲求だ。

　日本で働く外国人にとって、周囲の人たちから褒められたり、認められたり、信頼や、評価を得たいという欲求である。

5. 自己実現の欲求

　「自己実現の欲求」とは、自分がなりうる姿になり切りたいと感じる欲求である。つまり、より成長したいと思う欲求のことだ。

　日本で働く外国人にとって、日本語が上達したり、建設技術、技能が向上することで、自らの力でやっていけると感じ、自分の成長を実感したいという欲求である。

外国人が日本の建設業で働きがいを高めるための 5 つの方法

　「働きがい」とは、"やりがい"と"働きやすさ"の和である。建設業において、これらを高めるにはどのようにすればよいだろうか。マズローの理論を踏まえて考えてみよう。

　表3-1 には、建設業にて働きがいを高めるための 5 つの方法をまとめた。表の下部にある「1. 生存安楽の欲求」と「2. 安全秩序の欲求」が"働きやすさ"の要因（衛生要因）だ。これはマズローの理論の (1)(2) にあたる。また、「3. 集団帰属の欲求」「4. 自我地位の欲求」「5. 自己実現の欲求」は、"やりがい"の要因（動機づけ要因）にあたる。これらはマズローの理論の (3)〜(5) に対応している。これら 1 〜 5 までをバランスよく満たすことで「働きがい」が高まるのだ。

　次に、この 1 〜 5 までの欲求を日本の建設業で働く外国人においてどのようにすれば満たせるかについて解説する。この 5 つの欲求の満たし方には大きく 2 つあり、1 つは組織のルールや制度をよりよく変える 制度改革 、そしてもう 1 つはそのルールや制度を実施するために社内の雰囲気を変える 風土改革 である。

　以下に、大きくこの 2 つの手法について説明しよう。

表 3-1　建設業にて働きがいを高めるための 5 つの方法

			内容	どのようにすれば満たされるか	
				制度改革	風土改革
働きがい	やりがい（動機づけ要因）	自己実現	5 自己実現の欲求 ——成長して働きたい 成長する制度と風土をつくる	入国前教育 必要能力一覧表	育成なくして指導なし 人を育てるより、人が育つ土壌をつくる
		自立自責	4 自我地位の欲求 ——認められて働きたい 承認する（認められる、褒められる）	評価制度 表彰制度 賃金制度	タイムリーに褒め、叱る
		安全基地	3 集団帰属の欲求 ——仲良く働きたい 社員、仲間同士の信頼関係の熟成	個人面談 交換日誌 懇親会 慰安旅行など	「安全基地」となり、心理的安全性を高める
	働きやすさ（衛生要因）	規律	2 安全秩序の欲求 ——安全に、安心して、安定して働きたい 外国人に合った勤務体系、ルールの設定	安全：外国人雇用管理指針の順守	けが、病気への対応
				安心：就業規則、労働条件通知書	わかりやすい指示 業務の難易度を適切にする
				安定：外国人雇用管理指針の順守	業務を平準化する
		待遇	1 生存安楽の欲求 ——待遇良く働きたい 給与、賞与、残業、休日	労働基準法、外国人雇用管理指針の順守	母国の慣習、価値観を尊重する

1. 生存安楽の欲求——待遇良く働きたい

　これは、"待遇良く働きたい"という欲求だ。待遇とは、給与、残業、休日についてのことである。残業はできるだけ少なく、休日そして給与はできるだけ多く欲しいというのが、"待遇良く働きたい"という意味だ。では、どうすれば待遇を良くすることができるのだろうか。

制度改革

外国人雇用管理指針に準拠する

　厚生労働省が定める「外国人労働者の雇用管理の改善等に関して事業主が適切に対処するための指針」（以下、外国人雇用管理指針）について解説する。これは、外国人が日本で働くに際して、雇用する事業主が守るべきことを指針としてまとめたものだ。巻末の**付録3**に外国人雇用管理指針の基本的な考え方を掲載する。以降、待遇に関する要点について、説明する。

募集および採用の適正化

　まず、募集および採用の適正化について説明する。外国人を募集もしくは採用する際に留意すべきことが、外国人雇用管理指針に書かれている。このうち、「母国語その他当該外国人が使用する言語又は平易な日本語を用いる等、理解できる方法により説明すること」とされている内容が2つある。

　1つ目は、"募集に当たって従事すべき業務内容、労働契約期間、就業場所、労働時間や休日、賃金、労働・社会保険の適用等について、書面の交付等により明示すること"、そして2つ目は、"労働契約の締結に際し、募集時に明示した労働条件の変更等をする場合、変更内容等について書面の交付等により明示すること"である。この2項目を、母国語もしくは平

易な日本語で説明することで、外国人にきちんと理解してもらうことが重要だ。

適正な労働条件の確保

次に、適正な労働条件の確保について。この項目には、均等待遇、労働条件の明示、賃金の支払い、適正な労働時間の管理等、労働基準法等の周知、労働者名簿等の調整、金品の返還等、寄宿舎、雇用形態又は就業形態に関わらない公正な待遇の確保、の９つがある。

ここにも、母国語その他当該外国人が使用する言語または平易な日本語を用いるよう努めなければならない内容がある。それは、"外国人労働者から求めがあった場合、通常の労働者との待遇の相違の内容及び理由等にについて説明すること"そして、"労働契約の締結に際し、賃金、労働時間等主要な労働条件について書面の交付等により明示すること"の２項目である。

労働・社会保険の適用等

続いて、労働・社会保険の適用等について説明する。この項目では、雇用保険、労災保険、健康保険、厚生年金保険などの制度の周知および必要な手続きを行うこと、さらには、保険給付の請求等について援助することを求めている。

外国人であっても、労働保険や社会保険には加入しなければならない。また、短期間の日本での就業に関しては、帰国に際して還付金を受ける必要がある。これらの手続き方法などを援助することとされているのだ。

解雇等の予防、再就職の援助

次に、解雇等の予防及び再就職の援助について。この項目では安易な解雇や雇止めを行わないようにし、外国人が再就職をする場合は援助を行うよう求めている（p.64）。また、解雇制限や、妊娠・出産等を理由とした

解雇の禁止についても示されている。

労働者派遣又は請負を行う事業主にかかる留意事項

ここでは、労働者派遣もしくは請負により、外国人が日本の企業で働くことを支援する業種について、留意すべきことが定められている。派遣や請負という形態で働くことで、外国人の待遇が悪化することのないよう、配慮しなければならない。

外国人労働者の雇用労務責任者の選任

外国人労働者を常時10人以上雇用するときは、人事課長等を雇用労務責任者として選任することで、この指針に定める雇用管理の改善等に関する事項等を管理させなければならない。

風土改革

外国人が働きやすい待遇だと感じるためには、その国ごとの価値観や慣習を尊重する風土を熟成する必要がある。

外国の祝祭日を一緒に祝う

外国人の出身国について、時差はもちろん、祝祭日なども国によって異なる。相手の国の祝祭日を本人に聞いたり、調べたりして、その日を尊重することが大切だ。たとえば中国の旧正月、ベトナムのテト、独立記念日などのような日だ。

また、日本でひな祭りや七夕を祝うように、どの国でも祝祭日以外に特別な日がある。たとえば、ハロウィーンのようなイベントだ。また、洗礼式に出席すべきという国もあるだろう。国ごとの特別な日に、休日をとらせてあげたり、一緒に祝ってあげると、従業員のやる気を保つことができる。

仕事と私生活を両立させる

　日本人は、人生の中で仕事が第一だと考える人が多い。仕事のために、生活や家族との時間を犠牲にすることもあるだろう。急な仕事が入れば、予定していた休暇を短くしたり、取り止めたりすることもある。それが会社への忠誠心だと捉える風潮があるのだ。

　一方、仕事よりもプライベートが優先される国も多い。このような国々では、仕事に費やす時間よりも、家族や友人と過ごす時間を大切にする。残業を好まず、長い休暇を取るのだ。これらの外国人の考え方に対して、日本の会社ではよく思わないこともあるだろう。

　しかし、外国人からすると、社員が仕事とプライベートの両立を目指すことを支援したり、尊重する会社は良い会社だと思うだろう。そのため、その国の仕事に関する価値観を、日本人に教育する必要がある。そのことで、外国人を含めて会社全体にやる気が高まるような会社の風土をつくり上げることができるのだ。

2. 安全秩序の欲求——安全に、安心して、安定して働きたい

　待遇良く働きたいと願うその次には、"安全に、安心して、安定して働きたい"という欲求がある。

　"安全に"とは、けがや病気になるおそれなく働くこと、"安心して"とは、不安な気持ちがなく働くこと、そして"安定して"とは、不安定な状況がないことを望むということだ。

安全に働く

制度改革

　外国人雇用管理指針には、「安全衛生の確保」という内容が定められている。ここには、安全衛生教育の実施、日本語教育等の実施、労働災害防

止に関する標識・掲示等、健康診断の実施等、健康指導及び健康相談の実施、母性保護等に関する措置の実施、労働安全衛生法等の周知の7項目がある。

このうち、安全衛生に関する教育は、母国語その他当該外国人が使用する言語または平易な日本語を用いて説明することが求められている。特に、" 使用させる機械等、原材料等の危険性又は有害性及びこれらの取扱方法等が確実に理解されるよう留意すること " が求められている。

とりわけ、建設業は他の産業に比べると労働災害が多く発生する。労働安全衛生法に定める労働安全衛生教育を実施することは当然のこととして、その他日本人であれば当然知っていることについても、外国人には詳細に説明をする必要があるだろう。安全でない状況でびくびくと働いているようでは、やる気を持って長く働いてもらうことはできない。

風土改革

けがをしたり病気になった場合、病院へ早期に連れて行き治療をすることが必要だ。ただし、外国人の場合、けがや病気が原因で休職や失業すると、在留資格を失ってしまい、帰国せざるをえないと考えてしまうものだ。すると、病院に行くことをいやがることもある。それでも、当然ながら本人の体調を最優先にすることが重要だ。

もしも、けがや病気が原因で仕事を休まなければならない場合、仕事中の事故等であれば、労災保険を適用し、そうでなければ自身の健康保険を適用する。療養が長引き、就業規則に基づいて休職が必要となれば、休職させ、その後治れば復職となる。もしも、けがや病気が治らず、休職期間が満了すればやむをえず退職となってしまう。これらの手順は、けがや病気をする前に外国人に十分に説明し、けがや病気の元となる行動を控えるよう教育することが重要だ。

また、外国人の精神的な問題へ対処することも重要である。とりわけ、慣れない国で働くのだから、ホームシックなどが原因で精神疾患となるこ

ともあるだろう。

そうならないために、外国人の心のケアをする担当者を決めて対処するとよい。こまめにコミュニケーションをとり、孤立してしまわないよう配慮することが必要だ。

外国人と上司との面談では、時間をかけて丁寧に話を聞くことが大切だ。もしもコミュニケーションが上手くいっていなかったり、差別を受けていることが原因で精神的な不調があるのであれば、全社員にそのことを伝え、早期に解決する必要がある。特に、来日して1年間は少なくとも1か月に1回は面談をするとよいだろう。

安心して働く

制度改革

就業規則をつくる

外国人を雇用する場合は、必ず就業規則をつくろう。社員が10人未満であれば、法律上就業規則はなくても構わない。しかし、外国人は日本人よりも自分の権利を主張することが多く、相手が誰であっても簡単に引き下がらない傾向がある。日本人独特のあうんの呼吸は通用しないのだ。揉め事が発生しないために就業規則をつくり、従業員の権利を明確化することが必要だ。

一方、日本人と外国人の間で、待遇や労働条件に差を設けることは労働基準法にて禁じられている。そのため、外国人だけのために別の就業規則を作成することはできない。

したがって、外国人特有の内容は、既存の就業規則に追加で盛り込むのがいいだろう。たとえば、「就労可能な在留資格を喪失した場合には、雇用契約を終了する」との条項を就業規則に設けておくなどが必要である。

さらに、日本語の就業規則とともに外国語の就業規則も用意したほうがいい。日本語で書かれた就業規則を外国人の母国語または英語に翻訳しておこう。

雇用契約書、労働条件通知書

　続いて、雇用契約書の作成方法について説明する。外国人を雇用する場合、雇用契約書、労働条件通知書を作成する必要がある。これは、出入国在留管理局への在留資格申請に必要な書類でもある。その中には、職務内容、就業場所、勤務期間、職務上の地位、給与額を明記し、申請しようとする在留資格の審査基準を満たしていなければならない。

　特に気をつけなければならないのが、職務内容だ。できるだけ具体的に書く必要がある。特に技術者の場合、母国で学んだ内容と、日本で就労する内容が異なると、在留資格を得られない。そして、出入国在留管理局のどんな担当者が読んでも理解できるように、建設業界の専門用語はできるだけ使わないほうが良い。たとえば「施工管理」という言葉は、技術業務なのか、技能業務なのかが不明確である。測量、図面作成、写真撮影などのように個別具体的に記載するのが良い。

　また、入社前後に研修がある場合、それが短期間であっても、雇用契約書、労働条件通知書にその旨を記載する必要がある。外国人によっては研修を好まず、それが理由で退職してしまうことがあるからだ。

手順書やマニュアルの整備

　建設会社で働くに際しての、手順書やマニュアルを整備することも必要である。口頭で作業を指示しても、作業に慣れない外国人には理解することができない。一方、手順書やマニュアルが整備されていて、しかもそれが母国語や英語で書かれていると、それを見ながら現場で作業することができる。動画によるマニュアルを作成することも効果的だ。それらを使って、業務終了後に復習をしたり、翌日の予習をすることも可能だ。それにより、安心して働くことができるのである。

　日本の建設業では、手順書やマニュアルを十分に整備せず現場にて口頭で説明したり、"現場合わせ"といわれる、現場ごとに異なる作業手順で仕事をしたりするケースを多く見かける。これが、外国人が早期退職する

ひとつの原因になっている。そのため、言葉が十分に理解できない外国人に向けて、イラストや動画を用いたり、母国語の字幕をつけるなど、工夫した手順書やマニュアルを整備することが欠かせない。

　会社によっては、顔写真つきでひらがなの社員名簿を渡しているところもある。また、先に入社した外国人が、後から入ってくる外国人のために事務所の使い方や日常生活のルールを手引きとして作成している例もある。

ルールを外国人に合わせて変える

　外国人の個別事情はそれぞれ異なる。たとえば、勤務時間が長くてもたくさんの給料が欲しい人、給料が安くても勤務時間が短いほうがいい人、すでに結婚していて家族の時間を大切にしたい人などさまざまな状況があるだろう。個人面談にて、各人の状況を確認する必要がある。次ページに8か国語の「ヒアリングシート」を掲載したので、その際の参考にしてほしい。聞きとった各外国人の状況を「個人カルテ」（p.61）にまとめ、それをもとに対応することで、外国人は安心して働くことができる。さらに、彼らの状況に合わせて就業規則を変えることも必要だろう。

　また、定期的にES（従業員満足度）アンケート（p.62）を実施し、外国人が、どの点に不満や働きにくさを感じているかを知り、ルールを変えることも必要だ。さらに同じ内容のESアンケートを継続して実施することで、外国人の満足度を定点観測することができ、改善点を明確にすることが可能となる。

ヒアリングシートの例

対訳：英語 / 中国語 / ベトナム語 /
インドネシア語 / モンゴル語 / ミャンマー語 / タイ語

担当している仕事について、以下に記載してください。
Tanto shiteiru shigoto ni tsuite, ika ni kisai shite kudasai.

Please answer about your work. ／ 关于工作，请回答以下问题。 ／
Anh/ chị hãy viết về công việc mà anh/ chị đang phụ trách vào đây ／
Tolong jelaskan pekerjaan yang Anda tangani di kolom di bawah ini. ／
Хариуцаж байгаа ажлынхаа талаар дор бичнэ үү. ／
တာဝန်ယူထားတဲ့အလုပ်နဲ့ပတ်သက်ပြီး အောက်မှာရေးပါ။ ／
กรุณาเขียนเกี่ยวกับงานที่คุณรับผิดชอบอยู่ดังต่อไปนี้

どんな仕事が難しいですか？ *Donna sigoto ga muzukashii desuka?*

What type of work is difficult? ／ 哪项工作比较难？ ／ Loại công việc nào
khó khăn đối với anh/ chị ／ Pekerjaan seperti apa yang sulit? ／ Ямар ажлыг
хийхэд хэцүү байна вэ? ／ ဘယ်အလုပ်က ခက်ပါသလဲ။ ／ มีงานไหนบ้างที่ยาก

自信を持ってできる仕事は何ですか？
Jishin wo motte dekiru shigoto wa nandesuka?

What work can you perform with confidence? ／ 哪项工作做起来比较有信心？
／ Loại công việc nào mà anh/ chị có thể tự tin làm được? ／
Pekerjaan apa yang bisa Anda lakukan dengan percaya diri? ／ Маш сайн хийж
чадах ажил чинь юу вэ? ／ ယုံကြည်ချက်အပြည့်နဲ့လုပ်နိုင်တဲ့အလုပ်က ဘာပါလဲ။ ／
งานอะไรที่คุณทำได้อย่างมั่นใจ

どんな仕事が楽しいですか？ *Donna shigoto ga tanoshii desuka?*

What type of work is fun? ／ 哪项工作比较开心？ ／ Loại công việc nào mà
anh/chị thích làm ／ Pekerjaan seperti apa yang menyenangkan? ／ Ямар ажил
сайхан байна вэ? ／ ဘယ်အလုပ်က ပျော်စရာကောင်းလဲ။ ／ มีงานไหนที่สนุกบ้าง

意欲を持ってできますか？ *Iyoku wo motte dekimasuka?*

Can you perform it with motivation? ／ 工作时有干劲吗？ ／ Anh/ chị có động
lực để làm việc này không？ ／ Bisakah Anda melakukannya dengan motivasi? ／
Урам зоригтой ажиллаж чадаж байна уу? ／ စိတ်အားထက်သန်စွာနဲ့လုပ်နိုင်ပါသ
လား။ ／ คุณทำได้ด้วยความต้องการที่อยากจะทำหรือไม่

担当している仕事の量は（多すぎると思う / やや多いと思う / 丁度よい / やや少ないと思う / 少なすぎると思う）

Tanto shiteiru shigoto no ryo wa(osugiru to omou / yaya oi to omou / chodo yoi / yaya sukunai to omou / sukunasugiru to omou).

Tell us about the amount of work you are in charge of: (It's too much / a bit too much / just right / a bit too little / too little) ／ 我觉得我负责的工作（太多 / 有点多 / 不多不少 / 有点少 / 太少）。／ Anh/ chị nghĩ gì về lượng công việc anh/ chị đang phụ trách(quá nhiều/ nhiều/ vừa đủ/ hơi ít/ quá ít) ／ Saya merasa pekerjaan yang saya tangani (terlalu banyak/agak banyak/sudah sesuai/agak sedikit/ terlalu sedikit) ／ Хариуцаж байгаа ажлын хэмжээ (хэт их/их/яг тохирсон/ бага/хэт бага) гэж бодож байна. ／ တာဝန်ယူထားတဲ့အလုပ်ပမာဏက (အရမ်းများတယ်လို့ထင်တယ်/ နည်းနည်းများတယ်လို့ထင်တယ်/ အသင့်အတင့်ဖြစ်တယ်/ နည်းနည်းနည်းတယ်လို့ထင်တယ်/ အရမ်းနည်းတယ်လို့ထင်တယ်) ／ ปริมาณงานที่รับผิดชอบอยู่ตอนนี้ (คิดว่ามากเกินไป/คิดว่าค่อนข้างมาก/คิดว่ากำลังพอดี/ คิดว่าค่อนข้างน้อย/คิดว่าน้อยเกินไป)

仕事の進め方、職場環境について改善してほしい点はありますか？

Shigoto no susumekata, shokuba kankyo ni tsuite kaizen shite hoshii ten wa arimasuka?

Are there any points you would like improved about how work is conducted or about your workplace environment? ／ 关于工作方法和工作环境，你认为哪些地方需要改善？／ Có điểm nào mà anh/ chị mong muốn sửa đổi trong cách thức làm việc, môi trường làm việc không? ／ Apakah ada hal-hal yang ingin Anda perbaiki terkait cara kerja dan lingkungan kerja? ／ Ажил явуулах арга, ажлын орчны талаар сайжруулмаар зүйл байна уу? ／ အလုပ်ဆက်လုပ်ရမည့်နည်း၊ အလုပ်ခွင်နဲ့ပတ်သက်ပြီးတော့ တိုးတက်စေချင်တဲ့အချက်ရှိပါသလား။ ／ มีจุดที่อยากให้ปรับปรุงเกี่ยวกับวิธีการดำเนินงาน สภาพแวดล้อมในสถานที่ปฏิบัติงานหรือไม่

今後やってみたい仕事はありますか？

Kongo yattemitai shigoto wa arimasuka?

Is there any work you would like to try in the future? ／ 你今后想从事什么工作呢？／ Công việc nào anh/ chị muốn làm thử trong tương lai ／ Apakah ada pekerjaan yang ingin Anda coba kerjakan di masa mendatang? ／ Цаашид хийж үзмээр ажил байна уу? ／ ဒီနောက်ပိုင်း လုပ်ကြည့်ချင်တယ်ဆိုတဲ့အလုပ် ရှိပါသလား။ ／ มีงานที่อยากลองทำในอนาคตหรือไม่

この仕事を通じてどんなスキルや能力を向上させたいですか？

Kono shigoto wo tsujite donna sukiru ya noryoku wo kojyo sasetai desuka?

What skills and capabilities would you like to improve with this work? ／ 你想通过这份工作提高哪方面的技术或能力呢？ ／ Thông qua công việc này thì anh/ chị muốn nâng cao kỹ năng, năng lực nào? ／ Keterampilan dan kemampuan apa yang ingin Anda tingkatkan dengan pekerjaan ini? ／ Энэ ажлаар дамжуулан ямар ур чадвар, чадавхиа нэмэгдүүлэхийг хүсэж байна вэ? ／ ဒီအလုပ်ကနေတစ်ဆင့် ဘယ်လိုကျွမ်းကျင်မှုနဲ့ အရည်အချင်းတွေကို တိုးတက်စေချင်သလဲ။ ／ คุณอยากยกระดับความสามารถหรือทักษะด้านไหนผ่านการทำงานนี้

その他相談したいことがあれば記載してください。

Sonota sodan shitai koto ga areba kisai shite kudasai.

If there is anything else you would like to consult about, please write it here. ／ 如果有其他疑问，请写到此处。 ／ Anh/ chị có vấn đề gì cần tư vấn/ trao đổi thêm thì hãy ghi vào đây ／ Silakan tulis jika ada hal lain yang ingin Anda konsultasikan. ／ Үүнээс гадна асууж зөвлөх зүйл байвал бичнэ үү. ／ အခြား တိုင်ပင်ချင်တဲ့အရာရှိရင်လည်း ရေးပေးပါ။ ／ กรุณาเขียนรายละเอียดหากมีเรื่องอื่นๆ ที่ต้องการปรึกษา

個人カルテの例

氏名	A	B	C	D	E
国籍	●●	●●	●●	●●	●●
宗教	△△	△△	△△	△△	△△
困っていること	母国の両親の体調が悪い	子どもの病気が悪化	残業が多い	妻が入院中	仕事が覚えられない
成功体験	日本語検定N2合格	先輩に褒められた	●●の案件を無事に竣工	奨励賞の受賞	無遅刻無欠勤
得意分野	コミュニケーション	手先が器用	CADが使える	測量	作図
苦手分野	手作業	コミュニケーション	対人関係	資料作成	重機運転
将来挑戦したい仕事	現場監督	職長	多能工	設計	企業経営
性格、特徴	独断	納得しないと動かない	スピード重視	周りと相談	責任感に欠ける
やりがいを感じること	数字を意識する	人を喜ばせること	未知の仕事	チームで働くこと	顧客の喜び
休日の過ごし方	卓球	読書	旅行	釣り	サッカー
家族や友人などの人間関係	兄弟と疎遠	友人が多い	家族と親密	全般的に良好	友人が多くない

ES アンケートの例

年齢　（20 歳代　30 歳代　40 歳代　50 歳代　60 歳代）

部署　（土木部　建築部）

Q1. あなたは現在の仕事に対して、総合的にどのくらい満足していますか
（1 か所にチェック）

□満足　□やや満足　□やや不満　□不満

Q2. 現在の仕事に対して「Q1」と回答した理由をお書きください。

　　理由

Q3. 以下の項目は、あなたの考えに当てはまりますか

（当てはまるものにチェック）

	当てはまる
仕事にやりがいを感じている	□
仕事内容が自分に合っている	□
スキル・能力が身につく仕事環境である	□
社員教育・キャリア開発などの制度が充実している	□
仕事に集中しやすい現場環境である	□
社内の人間関係は良好である	□
評価制度に納得感がある	□
仕事と私生活のバランスが保たれている	□

Q4. 今後も現在の職場で働き続けたいと思いますか（1 か所にチェック）

□ぜひ働き続けたい　□働き続けたい　□あまり働き続けたくない

□働き続けたくない

Q5. 職場に対して悩みや要望がありましたら、ご自由にお書きください。

外国人にわかりやすい指示をする

　上司に何度も聞かなくても仕事ができるよう、上司や先輩がわかりやすい指示をすることも大切である。

　外国では、「わからない」と言うことが悪いことだと感じている人が多くいる。しかし、建設業の現場では実際はわからないのに「わかりません」と言わず工事を進めると、工事そのものの品質が悪くなるし、本人がけがをするおそれもあるのだ。そのため、「わかりません」という日本語の意味とともに、「わかりません」と言うことが悪ではないことを教える必要がある。

　また、日本人の上司や職長が外国人に対して厳しい言葉で叱ることがある。しかし、その厳しい言葉を必要以上に重く受け止める外国人もいる。そのため、1対1で怒鳴らない、何か伝えたいことがあれば皆を集めて説明するということが大切である。

外国人の作業の難易度を適切にする

　先輩社員に指示された業務が、あまりにも自分の能力を超えていると、やはり安心して作業することができない。逆に、自分の能力よりも簡単すぎる作業ばかり指示されると、この会社で自分は成長できないのではないかと不安になるものである。

　これを防ぐためには、今後数年間で、どのような能力を身につけてほしいかという「必要能力一覧表」を外国人向けに作成する必要がある。さらにその「必要能力」を身につけるために当該外国人にどのようになってほしいか、そしてそのためにどんな教育をするのかという「個人別キャリアプラン」を作成し、その人の能力に合う仕事を先輩が指示することが大切だろう。特に、これらは日本人向けとは別途作成し、外国人に合った育成プランをつくることが必要だ。これら「必要能力一覧表」「個人別キャリアプラン」の詳細は、p.77 ～ 78 および巻末の**付録4、5**に記載する。

安定して働く

　外国人ができるだけ安定して日本で働けるように配慮することも大切
だ。「外国人雇用管理指針」には、「解雇等の予防及び再就職の援助」とい
う内容が定められている。ここには、解雇、雇止め、再就職の援助、解雇
制限、妊娠・出産等を理由とした解雇の禁止の5項目がある。

　特に解雇の欄には、"事業規模の縮小等を行う場合であっても、外国人
労働者に対して安易な解雇を行わないようにすること"との指針がある。
また、やむをえず解雇する場合であっても、"外国人労働者が再就職を希
望するときは、関連企業等へのあっせん、教育訓練等の実施・受講あっせ
ん、求人情報の提供等、当該外国人労働者の在留資格に応じた再就職が可
能となるよう、必要な援助を行うよう努めること"とされている。

　解雇をしなくてもよいように経営の安定化を図ることは当然のことであ
る。さらに、事業環境が変化して解雇せざるをえない場合でも、すでに外
国人が働いている建設会社や人材紹介会社と交流を持つことで、容易に再
就職ができるよう、心がけなければならない。

　また、外国人の中には手取り給与の過半を母国に仕送りする人がいる。
安定的に母国に仕送りができるようにするためには、日給制よりも月給制
がいいだろう。もし、日給制とする場合はGWやお盆休み、正月休みな
ど休日が増えると収入が減ってしまう。したがってその間でも、ワーク・
ライフ・バランスに留意しながらもできるだけ仕事ができるよう配慮して
あげるとよい。そのことによって、安定した収入を得て働くことができ、
外国人のやる気を向上させることができる。

風土改革

　社内の部署や担当する仕事によって、繁閑の差が大きくならないよう配
慮する必要がある。社内のコミュニケーションを良くし、他の現場への応
援や手伝いをしやすい風土にする必要がある。

そのためには、外国人ができるだけ多くの仕事ができるよう多様な仕事を教え、「多能工化」するとよい。

3. 集団帰属の欲求——仲良く働きたい

風土改革

　自転車に乗って遠いところまで冒険ごっこをする子どもがいる。また、高い木の上から池に飛び降りる危険な遊びをする子どももいる。このような子どもの共通点は、家庭が温かいということである。

　冒険ごっこをして迷子になったとしても、「きっとお父さん・お母さんが迎えに来てくれる」と思うからこそ、そのような遊びをするのだろう。高いところから飛び降りてけがをしたとしても、「きっとお父さん・お母さんが病院に連れて行ってくれる」という気持ちがあるからこそ、そのような遊びをするのだ。

　このような、子どもにとっての親の存在を「安全基地」という。子どもは、親との信頼関係によって育まれる"心の安全基地"の存在によって、チャレンジをすることができる。そして、戻ってきたときには喜んで迎えられると確信することで、その安全基地に戻ってくることができるのだ。

　外国人と日本人との間でも同様のことが起きている。外国人に困ったことや悩んでいることがあったとしよう。それを、上司や先輩に相談したときに、上司や先輩が親身になって話を聞いてくれ、すぐに対処してくれると、外国人は安心して働くことができる。このような場合、外国人にとってその上司や先輩は「安全基地」であるといえる。

　一方、困ったことや悩んでいることについて上司や先輩に「話があります」と言ったときに、「今は忙しいから後にしてくれ」と言われると、相談をするのはやめようと思ってしまう。このような場合、上司や先輩は外国人にとって「安全基地」となりえていないのである。

Chapter 3　外国人のモチベーションを高めるには

65

外国人は、日本人社員や上司との信頼関係によって育まれる"心の安全基地"なる風土の存在によって、安心して働くことができるのだ。

制度改革

　心理的安全性を高め、「安全基地」をつくるための制度について解説しよう。

①個人面談

　心理的安全性を高めるためには、定期的に1対1で個人面談をすることが有効である。個人面談をする相手としては、上司、仲間や部下もいいだろう。ときには個人面談で愚痴を聞いてあげることも、心理的安全性を高めるためには効果があるのだ。

②雑談を増やす

　個人面談ほど正式なやり取りではないが、雑談をすることも心理的安全性を高めるためには効果がある。Chapter2で述べたように、宗教や文化の違いなど、話題には留意しながらも雑談で距離を縮める。雑談については、Chapter4にて詳細に解説する（p.85）。

③交換日誌

　個人面談や雑談で相手の本音を聞き出したり、こちらの本音を言うことができれば、心理的安全性は高まる。しかし、話をすることが得意でない人もいるし、こちらが強面なら余計である。そのような場合、交換日誌の活用をお勧めする。

　外国人と上司との間でノートを用意し、自由に書いてそのノートを交換するというものである。口ではうまく話すことができなくても、文章にすると自分の気持ちを正直に書き表すことができる人がいるものだ。特に交換日誌は手書きがいい。何度も交換日誌を重ねていると、字の乱れに気づ

く。心の乱れが字の乱れに表れるため、もしも字が乱れていたら一度ゆっくりと話をすると効果的である。

　日本語が上手でない外国人であれば、翻訳ソフトを活用してもいいだろう。その場合、手書きは難しいだろうが、活字であっても交換日誌の役目を果たすことはできる。

④懇親会

　歓迎会や忘年会、新年会などのいわゆる飲み会である。大切なことは、定期的に開催すること。上司が飲みたいときや現場の区切りがついたときだけ一杯飲むということではうまくいかない。1か月に1度、2か月に1度など予定を決め、そして予算も決め、正式な心理的安全性を高める機会として、懇親会を開催するのがいいだろう。

　外国人の母国へ行き、家族と食事をすることも心理的安全性を高めるための手段としては効果的である。また、外国人とともに楽しめる交流の場をつくることもいいだろう。たとえば、サッカーなど外国人の好きなスポーツを一緒にすることで、気軽に話のできる仲間ができたり、サッカーの後に食事に行ったりすることもできるだろう。

　問題を1人で抱え込んで孤独になると、犯罪をしてしまう人もいる。そのため、自宅に招いて食事会をするなどして、孤独になることを止める必要もある。

⑤慰安旅行

　多くの会社で慰安旅行を行っている。一方、参加者が少なかったり年々人数が減っているという会社もあるようだ。

　大切なことは、心理的安全性を高める機会として、慰安旅行を位置づけることである。そのためには、社長や幹部はホストとなり、社員みんなの意見を聞いたり、社員みんなが楽しい場になるように心掛けるべきだろう。たとえば、社長が歌を歌ったり、幹部が芸を披露したりということもいい

だろうし、思わぬサプライズゲストの登場を企画するということも効果的だ。外国人の母国語の曲を勉強し、日本人社員がみんなで歌うなどすれば、外国人の社員たちにも喜んでもらえるはずだ。

⑥理念や価値観に合う人材を採用する

　理念や価値観の合う人同士であれば心理的安全性が高い「安全基地」である職場を構築しやすいものだ。一方、理念や価値観の異なる人が混じれば、どうしても心理的安全性は下がり、「安全基地」として機能しにくくなる。

　そもそも外国人と日本人とでは、価値観に相違がありがちだが、その中でも、自社の理念や価値観をしっかり説明して、それに共感できる人材を採用することを心掛けるほうがいいだろう。

4. 自我地位の欲求──認められて働きたい

　これは、"認められて働きたい"という欲求だ。具体的には、社員各自に選択権や責任があり、仕事や行動を承認されたい（認められたり褒められたりしたい）というものである。

制度改革

　人を認めるための制度には、人事評価制度や表彰制度がある。評価する項目を明確にし、その外国人の頑張りを制度で評価するというものだ。もしくは、表彰する項目を決めて、年末や年度末に表彰するのも良い方法だろう。「日本語習得大賞」や「技能習得大賞」などの項目を設定し表彰すると、外国人のプライドも高まるものである。

　また、賃金をもってその人を評価する、認めるという方法もある。その場合、賃金制度を設定する必要がある。ここで重要なのは、国籍によって

給与体系を変えてはいけない。仕事の内容によって給与体系を変えるということだ。p.77 〜 78 で説明する、仕事の内容ごとに設定した「必要能力一覧表」を基に、どのレベルまで達したかを評価し、そしてそれを賃金に反映させるという方法がいいだろう。

風土改革

　人は誰しも相手に認められて働きたいと思っている。特に異国で働く外国人にはその思いは強いだろう。認められていると感じる最も大きな働きかけは、褒めたり叱ったりされることである。しかし、どのようなタイミングで褒めたり叱ったりするのが効果的なのだろうか。

　相手の褒め方、叱り方には、3 つのパターンがある。1 つ目は「結果承認」、2 つ目は「行動承認」、3 つ目は「存在承認」である。

　結果を褒めるとは、「君がつくった足場はきれいにできたね」などのように、相手がつくった結果を認めること。行動を褒めるとは、「君は勉強熱心なので日本語能力が上がっているね」のように、相手の行動を見て、その行動を認めること。存在を褒めるとは、「君が現場に来てくれたおかげで会社に活気が出たよ」のように、外国人の存在そのものを認めることである。

　では、この 3 つを比較した場合に、「結果」「行動」「存在」のどれが最も相手にとって効果的なのだろうか。

　最も効果的なのは、「存在」を褒めることである。やはり人は、自分がそこにいるということを認められると、とても嬉しいものだ。特に外国人は、言葉の壁があり役に立てていないのではないか、という思いが強い。だからこそ、存在を認める声がけをしたいものだ。

　次に効果的なのは、「行動」を褒めること。その行動を見ていてくれたこと、さらにその行動が認められたことに対して意欲が高まるのだ。

　3 番目に効果的なのが、「結果」を褒めることである。もちろん、結果

を褒めることにも効果がある。しかし、存在や行動を褒める場合と比べると、3番目の効果といえる。結果は、結果そのものがその本人を褒めてくれているため、あえて褒めなくても本人は十分に結果に認められていると感じることができるからだ。

　一方、外国にはこのような考え方とは異なる価値観が存在するのも事実だ。行動よりも、結果を重視する国も多い。一所懸命頑張ることより、結果を出すことを認めてほしいという価値観だ。その国の価値観を考慮して褒めることは重要だ。

　続いて、叱り方の解説をする。

　結果を叱るとは、「君のつくった足場に間違いがあったぞ」のように、その人がつくり出した結果に対して叱ることである。行動を叱るとは、「日報の提出が期限よりも遅れているぞ」などのように、その人の行動そのものを叱る。存在を叱るとは、「やはり●●人はだめだな」のように、その国の存在そのものを認めない言い方である。

　叱る場合、最も効果的なのは、「行動」を叱ることだ。集合時間に遅れる、決められたことをやらないという場合は、それを本人が自覚するためにも、きちんと叱る必要がある。

　結果を叱るというのは、大切なことだ。しかし、たとえば、ミスをした、ロスが出た、など本人は十分に反省をしているはずだ。その上、くどくどと叱る必要はないだろう。仮に本人が、失敗したことを自覚していない場合には、きちんと叱る必要があるが、十分に自覚し、反省している場合には、それ以上に叱る必要はない。

　存在を叱ることを「パワハラ」という。「●●人は信用できないな」「だから●●国は発展していないんだ」「外国人にはもう懲りた」などは、その良い事例である。これは決して行ってはいけない叱り方だ。

5. 自己実現の欲求——成長して働きたい

これは、"成長して働きたい"というものだ。

外国人が日本に来るのは、自分の技術や技能を高めそれを日本や自国の発展につなげたいという気持ちがあるからだろう。そのため、1日でも早く建設技術、技能を身につけたいと思っているわけである。

外国人雇用管理指針には、「適切な人事管理、教育訓練、福利厚生等」という内容が含まれている。ここには、適切な人事管理、生活支援、苦情・相談体制の整備、教育訓練の実施等、福利厚生施設、という5項目がある。特に、「教育訓練の実施等」の内容では、"教育訓練の実施その他必要な措置を講ずるように努めるとともに、母国語での導入研修の実施等働きやすい職場環境の整備に努めること"とされている。

人材育成の基本

「育成なくして指導なし、人を育てるより人が育つ土壌をつくれ」という言葉がある。

育成、指導、そして学ぶ土壌をつくるためには、風土改革、制度改革が必要だ。以下それぞれの手法について解説しよう。

風土改革

人をやる気にさせて、その次に知識や手法を身につけさせると、伝えたことがその人の力になる。逆に、やる気のない人にいくら知識や手法を与えても、馬の耳に念仏となるのだ。

これは、コップと水の関係に例えられる。まず、やる気にさせるためにコップを上に向ける。次にそのコップに水（知識や経験）を入れる。そうすると水がたまる。つまりこれは、その人に知識や経験を身につけさせる

表 3-2　育成と指導と土壌

名　称	意　味	手　法
育成 [やる気]	やる気にさせる （コップを上に向ける）	褒める、叱る、認める 仲良く働けるようにする 安全、安心、安定して働けるようにする 待遇を良くする
指導 [やり方]	知識、経験を身につけさせる （コップに水を入れる）	体系的な教育プログラムを作成する キャリアプランを作成する
土壌 [やる場]	人が育つ土壌をつくる	先輩、上司が模範的な態度をとる

ことができたということになる。一方、そのコップが下を向いていると、いくら水を注いでもコップに水を入れることはできない。つまり、やる気のない人に知識や経験を身につけさせようとしても決して身につかないのである。まずコップを上に向けること（これを育成という）、そしてそのコップに水を入れること（これを指導という）が必要であり、「育成なくして指導なし」なのだ（**表 3-2**）。

　次に、「人が育つ土壌」とはどういうことか考えてみよう。

　4 月に建設会社に入社した外国人の A 君がいたとしよう。入社して半年ほど経ったころに A 君は自国の友人と会った。その友人は A 君に対して、「君は随分成長したな。どんな教育を受けたんだい」と聞くと、A 君は、「いやあ、僕は現場に行って先輩の言うことを聞き、先輩のまねをしているだけだよ」と答えた。友人は「それだけでそんなに成長するのなら、君は良い会社に入ったな」と A 君に言ったのである。では、A 君は現場でどのようにして育ったのだろうか。

　たとえば、このようなことだ。

　お昼休みに先輩と一緒にお弁当を食べたあと、先輩は本を開き、勉強をしていた。A 君はその様子を見て、「僕も昼休みにも勉強しよう」と思い、

昼休みの30分間、日本語の勉強をするようにした。先輩は、現場へ出掛けるときや帰宅時には身の回りを必ず整理・整頓して出掛ける。A君も同じように、現場に出たり、家に帰るときには身の回りをきれいにして出掛けるようにした。先輩は、仕事が終わったら道具を手入れし、ピカピカの状態で使っている。そこでA君も先輩に倣って道具の手入れをして、きれいな状態で使うようにした。

このように、日常的に学ぶ習慣を身につけ、常に身の回りの整理・整頓を進め、道具などの物を大事にし、前向きな言葉を発する習慣こそが、社会人としての成長なのである。社会人として成長する上で、先輩の言動をまねし、それが自分に身についたとしたら、その会社には「人が育つ土壌」があるといえるのだ。

一方、先輩社員が一切部下の前で学ぶことをせず、机の上は散らかり放題、道具は汚れ放題、口を開けば愚痴を言っているようだとすれば、部下はやはり同じように言動をまねるだろう。先輩社員や上司が模範的な態度をとり、後輩社員や部下がそれを見てまねることで、プラスの考え方が身につき人は育つのだ。

制度改革

外国人を育成し、成長させるためには、会社に教育体系が必要だ。ここでは人材育成のための制度について解説する。

入国前教育

表3-3、3-4 には、国土交通省の入国前教育のプログラム事例を記載している。

これは、入国前に4か月間教育をするというプログラムだ。項目として、日本語、生活一般、法的保護、安全衛生、技能の5項目に分かれている。

まず、1～2か月目の目的として、日本語や日本での生活の基礎理解があり、そして3～4か月目には、実習や日本での生活の実施に向けた土台

表 3-3 入国前教育 達成目標、育成方法

	日本語	生活一般	法的保護	安全・衛生
達成目標	●簡単な会話が成立するレベルの日本語力を保有 ●N4[注]の取得	●日本と自国の文化的違い・順応方法を理解	●実習生が知っておくべき制度・手続きを理解	●安全規律を理解 ●体調不良時の対応方法を理解
育成方法 （座学以外）	●日本人との対話 ●テスト（週2以上等） ●漫画鑑賞・日本の歌を練習	●訪日経験者からの体験・経験の共有 ●邦画・ドラマ鑑賞	●手続きの疑似体験（記入・ロールプレイ等）	●安全動作の疑似体験 ●テスト
目安となる教育時間	●500時間（N4取得の推奨所要時間の上限）	●40時間（1日30分想定）	●10時間（月1度の講習）	●40時間（1日30分想定）
	トータル 600時間（約4か月）			

（出典：国土交通省・株式会社シグマクシス『平成 28 年度 外国人建設就労者受入事業に係る教育訓練プログラムの構築事業』）

注）日本語能力試験により認定される日本語レベル

N1	幅広い場面で使われる日本語を理解することができる。
N2	日常的な場面で使われる日本語の理解に加え、より幅広い場面で使われる日本語をある程度理解することができる。
N3	日常的な場面で使われる日本語をある程度理解することができる。
N4	基本的な日本語を理解することができる。
N5	基本的な日本語をある程度理解することができる。

（出典：日本語能力試験 ウェブサイト「N1 〜 N5：認定の目安」(https://www.jlpt.jp/about/levelsummary.html) による）

づくりをする。

　合計 600 時間のプログラムのうち、日本語教育は 500 時間である。1 か月目にはひらがなを習得し、2 か月目までには基本的な会話や単語を覚え、4 か月目までに日常会話ができるように教育内容がプログラムされている。

表 3-4　入国前教育カリキュラム

		1 か月	2 か月	3 か月	4 か月
目的		日本語・日本での生活の基礎理解		実習・日本での生活の実施に向けた土台づくり	
基本	日本語	ひらがな習得	基本的な会話・単語（N5 相当）	日常会話（N4 相当）	
	生活一般	ひらがな習得に専念	日本に住む心構え	日本人の習慣（ルール、マナー、行動）	日本と自国との差
	法的保護		源泉徴収	●住民登録 ●在留カード・パスポート紛失時の対応	扶養控除	年金脱退一時金
	安全衛生		●安全：安全規律・用語（現地語） ●衛生：体調不良時の対応	安全：安全規律・用語（日本語）	安全：安全規律の現場適用方法
技能		基本の習得を中心とする		●道具の名称 ●材料の名称・用途	工程・安全・動作

※太枠部分は、実践中心の学習、その他は座学中心の学習
（出典：国土交通省・株式会社シグマクシス『平成 28 年度 外国人建設就労者受入事業に係る教育訓練プログラムの構築事業』をもとに一部修正）

　生活一般は延べ 40 時間。2 か月目までに日本に住む心構え、3 か月目までに日本の習慣（ルール、マナー、行動）、そして 4 か月目までに日本と自国との差を学ぶ。

　法的保護は、4 か月で 10 時間程度。1 か月目には源泉徴収について、2 か月目には住民登録や在留カード・パスポート紛失時の対応、3 か月目には扶養控除について、4 か月目には年金脱退一時金の申請手順について学ぶ。

　安全衛生は延べ 40 時間のプログラムだ。まず、2 か月目までに安全については安全規律や用語を母国語で学び、衛生については体調不良時の対

応を学ぶ。3か月目までに安全規律と用語を日本語で、4か月目までに安全規律の現場での適用方法を学ぶ。

　また、技能については3か月目までに道具・材料の名称や用途、4か月目までに工程や安全動作について学ぶ。

　外国人が早期に日本に慣れ、モチベーション高く働くためには、入国前教育はとても重要である。しかしながら、入国前教育が十分にされないまま日本に入国する場合もあるだろうし、教育は受けているけれども十分に理解しないまま入国する外国人もいることだろう。

　そのため、入社後、これら入国前教育のプログラムの内容を外国人本人がどこまで理解しているかを確認することが必要だ。もしも知識不足なことがあれば、不足している部分を企業にて実務をさせる前に教育することが必要だ。

入国後教育

　入国後に教育する場合、指導の手法は大きく、OJT（職場内教育）と、Off-JT（職場外教育）に分けられる。

　OJTによる指導方法には大きく2つある。1つは、現場指導。先輩や上司が、部下や後輩を現場で直接教えることである。もう1つは施工検討会や技術報告会に同席させたり、現場見学会を催すことは自社の仕事を通じて学ぶという意味でOJTといえる。

　Off-JTとは、社外の研修に参加させることである。加えて、課題図書や教材（DVD、CD、eラーニングなど）により学習することも含む。

　OJTとOff-JTにはそれぞれ**表3-5**に示すようなメリット、デメリットがあるので、両者を踏まえて指導計画を立案することが望ましい。

　一般に、外国人は仕事をしながら覚えるというOJTに慣れていない。まずしっかり教育を受けてから、仕事をするものだと考えていることが多い。そのため、きちんと教えないまま仕事をさせ、その結果を改善するよ

表 3-5　OJT（職場内教育）と Off-JT（職場外教育）

	OJT（職場内教育）	Off-JT（職場外教育）
メリット	①社員の能力に合わせた個別指導ができる ②教育内容を実務に落とし込みやすい ③繰り返し、教育を実施できる	①講師がその分野の専門家である ②広い範囲の体系的な教育を受けられる ③受講者が学習に専念できる
デメリット	①教育担当上司の指導力が不足している ②教育の幅がせまくなりやすい ③時間的な制約から、学習に専念できないことが多い	①受講者の能力と教育内容が完全に一致しない ②実務に落とし込むのが難しい ③繰り返しの教育が難しい

う話すと、それは教育とは捉えられず、単に批判され、怒られたと感じてしまうことが多い。仕事をさせながら指導する場合、OJT という教育手法であることを伝えなければならない。

　また、OJT の際に、「昔からこの方法でやっているので、俺のやり方を見て学べ」と言うのではなく、そのやり方で行う背景や理由をしっかり伝えることが重要だ。なぜその方法で行うと上手くいき、なぜその方法でやらなければならないのかを論理的に説明することが OJT だ。日本の建設業界特有の「背中を見て覚えろ」という育成方法では、外国人は育たないことを理解すべきだ。

必要能力一覧表の作成

　人材育成をするためには、「必要能力一覧表」を作成する必要がある。必要能力一覧表とは、社員の職種、レベルごとにどのような能力が必要かを一覧表にしたものである。日本の建設業界で働く限りは、日本人でも外国人でも必要な能力は語学力を除いて同じである。

　なお、多くの建設会社には、日本人向けにもこのような必要能力一覧表がないケースが多い。外国人を採用することをきっかけとして、日本人技術者、技能者に対しても必要能力一覧表をもとにして、育成を進めてほしい。

技能者の教育制度

　付録4の建設技能者必要能力一覧表に外国人技能者の育成計画例を示す。まず横軸に社員のレベルを記載している。見習い技能者（3年まで）、中堅技能者（4～10年）、職長・熟練技能者（5～15年）、登録基幹技能者（10～15年）と分けている。そして縦軸には、習得すべき項目を記載する。それぞれの年代でどのような能力を身につけなければいけないかを示している。

技術者の教育制度

　付録5の建設技術者必要能力一覧表に外国人技術者の育成計画例を示す。横軸には、技術者のキャリアを5段階に分けている。新入社員、若手（5年目程度）、現場代理人（10年目程度）、工事部課長（20年目程度）、経営幹部と分けている。技能者の必要能力一覧表と同様に、縦軸には習得すべき項目を記載し、それぞれの年代でどのような能力を身につけなければいけないかを示している。

　技能者、技術者いずれの育成計画においても、各項目をOJTにて教えるのか、Off-JTにて教えるのか計画する必要がある。

　なお**付録6**に、建設専門用語集を英語とアジア各国語の6か国語に翻訳して、写真、イラストとともに掲載している。日本人でさえ難しい建設専門用語を外国人に教える際の教材として活用してほしい。

帰国後の将来をしっかり考えてあげよう

——橋梁技建株式会社

　排水装置・検査路などの橋梁付属物を専門とした建設会社「橋梁技建株式会社」では、計8人の外国人が働いている。ミャンマーから来た技能実習生の6人は、主に現場で配管工事を行い、技術・人文知識・国際業務ビザでベトナムから来たエンジニアの2人は、社内で設計業務に携わっている。

　杉本社長が外国人の採用を考えたのは、今後現場での技能工が不足していくだろうということへの危機感からだ。「建設業の数社で外国人実習生を受け入れるための組合をつくらないか」と、取引先に誘われたことがきっかけで、技能実習生の受入を始めた。

採用の段階で、ミスマッチを防ぐ

　杉本社長は自らミャンマーに出向き、技能実習生を面接する。企業と技能実習生、双方のミスマッチを事前に防ぐためだ。求める人材の根幹は、日本人でも外国人でも同じで、「自分が、自分が」と意見を主張するのではなく周りと助け合って真面目に働いてくれる人。技能実習生は1週間や1〜2か月というスパンでさまざまな現場で働く。危険もともなう仕事なので、チームワークが欠かせない。「少し我慢してでも言いたいことを飲みこんで、今やらなくてはいけないことをやる」という人のほうが協調性を発揮できるのだ。杉本社長は「今は、道徳観が日本に近い方を採用しています。そのほうが、接しやすいからです。ミャンマーには『徳を積む』という国民性があるそうで、『お天道様が見ているから、ズルをしない』という考えも浸透していると聞きました」と話す。そして、こう続けた。「面接のとき必ず質問するのは、給料の使い道。自分のためではなく、家族のために働きたいという人を選ぶようにしています」。

　同時に、面接では「この仕事はできそうか」と問うようにしている。なぜなら、建設業は工場とは異なり、危険もともなうし、気候の影響も受けやすい。いざ、日本に来てから「こんなキツい仕事だと思っていなかった」と、音を上

げてしまわないようにだ。面接のときに仕事現場の写真を見せて「夏は暑い、冬は寒い、高いところの仕事だよ」など隠さず伝えた上で、それでも「大丈夫です！」と言ってくれる人を採用する。

安心して働いてもらうための前準備

　杉本社長は技能実習生を受け入れる前に、必ずミャンマーに出向きその両親を食事に招待して壮行会を開く。社長自らが技能実習生の両親と対面して挨拶をすることで、「どんなところで働くのだろう」「奴隷のように扱われたらどうしよう」という異国の地に子どもを送り出す両親の不安も少しは和らぐと思うからだという。「ミャンマーの人は、家族を養いたい、助けたいという思いが強い。日本は今、家族のつながりが希薄になってきているが、彼らは一昔前の『親は子のために、子は親のために』という気持ちを強く持っている。心がきれいなのですよね」と、杉本社長。技能実習生として働くヤンさんも「社長がミャンマーまで会いに来てくれるという話は、他の会社では聞いたことがない。両親は大変よろこんでいました」と話してくれた。

　そして、会社でも受入の準備をしている。「顔と名前を覚えてもらえるように」と、日本人社員がひらがなで書いた名札をつけて迎えてあげるのだ。また、社員の顔写真と名前がわかるような名簿もラミネートして手渡している。

　ヤンさんは、新しく来る後輩のために生活の手引きをつくってあげた。そこには、ゴミの分別方法や交通ルールなどといった日常生活のことから、挨拶の大切さ、さらには唱和する経営理念にふりがなを振ったものまであった。先輩が後輩の面倒を見るという風土ができあがっているのを、杉本社長もほほえましく感じているという。

　橋梁技建では、チーム内の飲み会から、会社のバーベキュー、慰安旅行まですべてのイベントに、技能実習生も参加する。「仕事中の上長は厳しいこともあるが、プライベートではフレンドリーです」と、ヤンさんは教えてくれた。

最初に教える日本語は、「わかりません」

　ミャンマー人は「わからないことは悪いこと」と思っており、理解できていなくても「わかりません」と言えない傾向にあるという。しかし、建設現場で「わからない」ままで作業にあたることは、非常に危険だ。まずは、「わかりません」という日本語を言えるよう、教えるのだという。橋梁技建の仕事は、1週間から2か月のスパンでさまざまな現場に移り、作業内容が多岐にわたるため新たに覚えることが多い。そこで、現場が違ってもきちんと教えられるよう、教育係の先輩とペアを組んでもらうことにしている。まずは、危険度の低い作業から始め、高所など危険のともなう作業を担うのは、専門用語などを覚え、日本語である程度業務上のコミュニケーションが取れるようになってからだ。

　また、ハーネス型安全帯や必要な道具を技能実習生の負担で買わせる会社も多い中、橋梁技建は会社負担で揃えているという。確実に身に着けてもらい、けがを防ぐ。技能実習生が安心して働ける環境づくりに余念がない。

帰国後の将来をしっかり考えてあげる

　「技能実習生やエンジニアは日本語を使いこなせるようになることで、母国に帰ってからの仕事の幅も広がります。彼らの将来を応援するためにも、日本語を習得できる環境をつくってあげたいです」と話す杉本社長。毎週金曜日に会社近くの国際交流会館でボランティアが主宰する日本語教室があり、その受講費用を会社が負担している。出張がない限り参加できるように仕事も調整。技能実習生は夜19時から21時の2時間を日本語学習に充て、会話や発音、漢字など学びたいことを重点的に教えてもらっているのだという。さらに、日本語を覚えられるように、会社では日記を書くという宿題を課している。

　また、技能実習の3年目を終え一時帰国をしたあと日本で再び働くためには、日本で在留資格「技能実習3号」を取得しておく必要がある（p.14）。実技試験が必要となるため人や場所の調整をしなくてはならず、会社負担も大きいため、一部の会社は尻込みして受けさせずに技能実習生を帰国させてしまうこともある。なぜなら、3年目以降また同じ会社で働くとは限らないからだ。杉本

社長は、3年目以降再来日の予定が今のところなくても、橋梁技建で働くかが未定でも、とりあえず受けさせるようにしている。「大切なのは、会社の損得ではなく技能実習生にとって良いことをしてあげようという気持ち」と杉本社長。その思いが伝わり、技能実習生の大半が「3年目以降も橋梁技建でぜひ働きたい」と希望するという。

失踪リスクへの対応と、防止策

　技能実習生の受入に際して、逃亡のリスクはつきもの。橋梁技建でも、これまでに2人が突然姿を消したことがある。1人目は、正月休みに姿が見られなくなった。連絡が取れず、寮に探しに行ったところ荷物を置いたままいなくなっていたという。「事故にでも遭ったのではないか」と心配していたところ、Facebookに友達とニューイヤーパーティをしている様子がアップされており、無事は確認。ただ、帰ってくることはなかった。それ以降、心配をしてしまうので失踪するときはせめて「逃げます」という一筆は残してほしいと伝えている。2人目は、一筆を残して姿を消した。

　失踪のきっかけは、「もっと給料の高い仕事がある」という悪い誘いによるものが多いという。しかし、次の勤務先が必ずしも良い条件だとは限らないし、社会保障も受けられなくなってしまうため病気になって病院にかかっても保険が適用されない。難民申請を出しながら、宙ぶらりんの状態で暮らすことになるため、犯罪に手を染めてしまうことも考えられる。本人の人生としても非常にリスクが高いのだ。

　「技能実習生は帰国する際に、日本に納めていた住民税が還付されるシステムがあります。だいたい、5年いれば30〜40万円くらい戻ってくるのですが、その金額はミャンマーでの平均年収程度にあたると聞いています。逃亡してしまうと、それを受け取ることができない。そういうことを知らずに、悪い誘いに乗ってしまっているのかもしれません」と杉本社長。受け入れるときに、制度の説明を改めてしてあげることで、逃亡のリスクは抑えられるのではないかと考えている。

Chapter4

外国人とのコミュニケーション技術

外国人とうまくコミュニケーションをとるにはどうすればよいか、お悩みの方が多いことだろう。ここでは、コミュニケーションの段階に沿って、どのようにすればうまく交流できるかについて解説しよう。

人と人とのコミュニケーションには5つの段階がある。第1段階：親密力（アプローチ）、第2段階：調査力（リサーチ）、第3段階：文章力（ライティング）、第4段階：表現力（プレゼンテーション）、第5段階：交渉力（クロージング）だ。

第1段階：親密力（アプローチ） とは、外国人との距離を縮め、親密性を高め、次会うときに親しく話ができるような印象を残す能力である。これは、良い第一印象を与えるともいえるだろう。第一印象を良くするためには、雑談をしたり、適切な質問をしたりすることが大切だ。外国人との距離を縮めることができると、関係性を深めたり、外国人の状況や考えを探ったりすることもできる。そして何より、今後も気楽に話ができる関係を築くことができるのだ。すなわち、「近づく力」であるともいえる。

第2段階：調査力（リサーチ） とは、外国人の要望（ニーズ）と欲求（ウォンツ）を把握する能力である。要望（ニーズ）とは、外国人が口頭や文書で示したこと、欲求（ウォンツ）とは、文書や口頭で示してはいないが、心の中で欲していることをいう。つまり、口頭や文書で示したことだけではなく、心の中で欲していることも上手に聞き出し、外国人が何を望んでいるかを理解する力、これが調査力（リサーチ）である。外国人の心の中まで理解することができれば、外国人のことがわかり、外国人の欲していることに対応することもできるのだ。すなわち、「聴く力」であるともいえる。

第3段階：文章力（ライティング） とは、要望や欲求を形に表す能力で

ある。外国人とは言葉が通じないことがある。こうしたときに、文章やイラスト、図などで自分や外国人の言いたいことを表しながらやり取りすることができる力、これが文章力（ライティング）である。すなわち、「書く力」であるともいえる。

　第4段階：表現力（プレゼンテーション） とは、外国人の心をつかむ表現で伝える能力である。話をするだけではなく、ツールを見せたり、体験させたりすることも含む。その結果、外国人の心をつかむことができるかどうかが重要である。こちらの話したことが外国人に伝わり、外国人が理解し、そして外国人が行動にまで移すことができたとしたら、そのプレゼンテーション能力は高いといえるだろう。すなわち、「話す力」であるともいえる。

　第5段階：交渉力（クロージング） とは、外国人のノーをイエスに変える能力である。いろいろなやり取りをしていると、外国人がノー、つまり「できない」「やれない」「嫌です」などと言うことがある。しかし、仕事なので「できない」「やれない」だけでは前に進まない。それをイエスに変えて、物事を前に一歩進めることのできる力。これが交渉力である。また、外国人が決定することをとまどい、逡巡している場合に、決定の手助けをし、外国人の背中を押すこともクロージングの力だ。その結果、お互いが有利な形で物事を前に進めることができるのである。すなわち「決める力」であるともいえる。

1. アプローチ：親密力

雑談力を高める

　親密力（アプローチ）を高めると、早期に外国人との距離を縮めること

ができる。早い段階で外国人と仲良くなれば、近しい関係で話ができるため、込み入った仕事の話題でもスムーズに伝えられるのだ。たとえば、お肉をフライパンにいきなりのせるとジュッと焦げてしまうが、事前に油を塗ってから入れると、こんがりときれいに焼き上がる。この油の役割が親密力（アプローチ）である。外国人との人間関係が焦げつかないようにするために、親密力（アプローチ）が非常に重要になるのだ。

　親密力を高めるためのひとつの能力に、「雑談力」がある。これは、誰とでも気軽に雑談ができる能力のことだ。雑談のポイントとして、「木戸に立てかけし衣食住」という言葉を紹介しよう。

　“木（き）”とは季節の話題。「暑いですね」「寒いですね」「梅雨ですね」などという話だ。

　“戸（ど）”とは、道楽・趣味の話題。「私は釣りをしますが、あなたはどんな趣味がありますか」「あなたの国では、どのような趣味を持つ人が多いですか」などである。

　“に”というのはニュース。日本や外国人の出身国で起きた最近のニュースや、最近の流行などを雑談のテーマにするといいだろう。

　“立（た）”とは、旅の話題。たとえば、「私は最近沖縄へ旅行に行った」などという話だ。世界中を旅している外国人がいれば、「あなたはどこの国へ行ったことがありますか」などと聞くのも雑談としてはいいだろう。

　“て”とは天候（今日の天気）の話題。「今日は雨降りでかっぱを持っていかないといけないね」「今日はいい天気なので水分をたくさん取るようにしよう」などという話だ。もしくは、“テ”レビの話題でもいい。日本のテレビを見て理解できるのであれば、日本のテレビ番組の話や、自国ではどんなテレビ番組があるのかなどを聞いてみるのだ。

　“か”とは家庭の話題。ご両親や兄弟のこと、結婚されているのであれば配偶者やお子さんのこと、ご家族は日本にいるのか自国にいるのかなどの話だ。

"け"とは健康。何か健康にいいことをしているかなどである。健康に関する手法というのは、お国柄がある。日本と外国人の母国で健康のための言い伝えや治療法が違ったりすると、話が盛り上がることだろう。

　"し"とは仕事。仕事上、何か困っていることはないか、将来どんな仕事がしたいかなどという話だ。

　"衣（い）"とは衣服。「普段どんな服を着ていますか」「どんな服を持っていますか」「母国ではどんな服を着て過ごしているんですか」などという話だ。

　"食（しょく）"とは食事。「どんな食事が好きですか」「どれくらいの量を食べるんですか」「あなたの国の食事はどんなものですか」などという話である。

　"住（じゅう）"とは住まいの話題。「今どこに住んでいますか」「住まいの様子はどうですか」といったことや、出身国の住まいの状況、どんな家に住んでいたのかなどを聞くのもいいだろう。

第一印象を良くする

　また親密力（アプローチ）に影響するもののひとつに、「第一印象」がある。最初に見たときにどんな印象を与えるか、もしくはどんな印象を受けるかということだ。第一印象には、たとえば立ち姿、服装、身だしなみ、あいさつの声、お辞儀の様子、表情などがある。どのような状態が外国人に良い第一印象を与えるのかを知っておくことも、外国人とのコミュニケーションを良好にするひとつのポイントである。

　ここで、「メラビアンの法則」を紹介しよう。これは、話し手が聞き手に与えるインパクトの3つの要素の影響の割合を示したもので、人が他人から信用を得るための重要な要因について研究したものである。

　まず、視覚情報。これは、話し手が聞き手にどう映っているかで、見た目・表情・しぐさ・視線などのことである。第一印象に与える視覚情報の影響は55％といわれている。

続いて、聴覚情報。これは、話し手の声の質・速さ・大きさ・口調のことで、第一印象に与える聴覚情報の影響は38％といわれている。

　そして、言語情報。これは、話し手が話す内容のことで、言葉そのものの意味である。第一印象に与える言語情報の影響は7％といわれている。

　つまり、視覚情報と聴覚情報を合わせると第一印象の93％が決まるのだ。そして、話している内容は、第一印象にほとんど影響を与えていないことがわかる。そのため、外国人と相対するときにどのような見た目で接するか、そしてどのような声の質や大きさ、速さで伝えるかが第一印象を決定するわけなのである。日本人は喜怒哀楽が表面に出ない人が多く、外国人からすると何を考えているのかわからない、と感じられることが多い。できるだけ、表情や身振り手振りを使って対応することで、外国人との距離は縮まるものだ。

距離を縮める魔法の言葉

　外国人との距離を縮める魔法の言葉を紹介しよう。1つは、「最近嬉しかったこと」。もう1つは、「実は私こう見えて○○なんです」だ。国籍にかかわらず、この2つの言葉を使うと外国人との距離を近づけることができる。

　1つ目の「最近嬉しかったこと」とは、最近の嬉しかった出来事について、話したり聞いたりすることだ。たとえば、「友達とカラオケに遊びに行った」「誕生日にケーキをもらった」などと話せば、外国人も「母国の両親と話をした」などと話してくれる。これが、愚痴や不平不満だった場合、雰囲気は悪くなってしまうだろう。しかし、嬉しかった話を聞いて嫌な気持ちになる人はいない。「嬉しかったこと」を外国人と共有すると、距離を縮めることができるのである。

　2つ目の「実は私こう見えて○○なんです」は、たとえば、いかつい男性が「実は私こう見えてケーキをつくるのが趣味なんです」なんて言ったとする。すると突然にそのいかつい顔がかわいい顔に見えたりするもので

ある。先ほど、第一印象（見た目など）が大事と書いたが、どうしても見た目だけでは第一印象が良くないと感じる人は、とりわけこの「実は私こう見えて〇〇なんです」という言葉が有効だろう。ちょっと怖そうに見える人が、明るく楽しい趣味を持っていたり、「アニメに出てくる〇〇さんが好き」などと言うと、いきなり親近感が湧く。特に外国人との共通点があるとすれば、それは第一印象や親密力（アプローチ）を高めるには非常に効果的なことである。

　外国人との距離を縮める魔法の2つの言葉をぜひ活用してみよう。

　また、外国人との距離を縮めるために、一緒にご飯を食べるということも大切な手法のひとつである。"同じ釜の飯を食う"という言葉があるが、一緒にご飯を食べながら、先ほど説明した雑談をすることで、外国人との距離を縮めることができるのだ。

相手の国を好きになり共通の話題を見つける

　アプローチの原則は2つ。1つは、外国人やその国を好きだと思うこと。これは外国人の長所を見ることでもある。外国人に対してどうしても嫌な感じがしたり、好ましくないと思うこともあるかもしれない。しかし、短所や好ましくないところを見るのではなく、外国人のいいところ、好きなところを見る。これがアプローチの原則である。

　2つ目は、外国人が自慢に思っている、関心を持っていることを話題にすることだ。外国人が旅行好きであれば旅行のこと、外国人が自信を持っている趣味があればその趣味のこと、それを聞いてあげることが大切である。外国人の自慢に思っていること、関心を持っていることのひとつは、やはり出身国の話題だろう。その国の良い点、たとえば名所や旧跡などを調べ、それを話題にし、外国人との距離を縮めることもアプローチの手法として有効である。

　その国の代表的なスポットや名物の単語を言うだけで、会話の糸口に

なって盛り上がる。私たちも日本の名物や有名な場所を外国人に言われると嬉しく思い、その人との距離が縮まったような気がするものだ。そのため、外国人と話をする場合、その人の国の名物やスポットを調べておくことが重要になるのである。

　たとえば、オーストラリアならカンガルー。中国ならパンダ。韓国ならキムチ、繁華街のミョンドン。ベトナムならフォー、ゴーイクオン（生春巻き）。ミャンマーなら世界遺産のシュエダゴン・パゴダ、ヒン（カレー味のおかず）。タイならトムヤムクンやグリーンカレー。これらの言葉から会話を広げてみよう。

　たとえ言葉が通じなくても、両者の共通点が見つかると盛り上がるものだ。

　アジア諸国と日本の共通語といえば、アニメだ。アジア諸国では日本と変わらないタイミングで日本の人気アニメ番組や映画が上映されている。アニメを通じて日本を知ったという外国人は少なくない。外国人と仲良くなるために、こちらも日本のアニメを見ていたほうがよいだろう。

2. リサーチ：調査力（ヒアリング力、コーチング力）

聞く力を高める・心を開いて受け入れる

　上手に話を聞いてあげることで、外国人は心を開いて接してくれるようになる。

　上手な質問とは大きく3段階からなる。

第1段階：クローズド・クエスチョン

　これは、はい・いいえで答えられる質問のことである。たとえば、「昨日の夜お酒を飲みましたか？」という質問であれば、「はい、飲みました」「いいえ、飲みませんでした」と、必ず「はい」か「いいえ」で答えることが

できる。

第2段階：オープン・クエスチョン（限定質問）

　もしも、第1段階で「はい、お酒を飲みました」と答えた場合、次は、オープン・クエスチョン（限定質問）をする。これは、「いつ」「どこ」「だれ」を聞くことである。今回の事例だと、いつ…「何時からお酒を飲んだんですか？」、どこ…「どこでお酒を飲んだんですか？」、だれ…「だれとお酒を飲んだんですか？」というふうに聞くのだ。そうすると、たとえば「昨日は夜7時から、居酒屋で同じ国の友達のAさんと一緒にお酒を飲みました」などと答えることができるだろう。

　反対に、「昨日お酒を飲みましたか？」の質問に対して、「いいえ、飲んでいません」と答えた場合、今度は質問を変える。たとえば、前節で説明をした「木戸に立てかけし衣食住」から、〝旅〟を使って第1段階のクローズド・クエスチョンをしてみる。「最近旅行しましたか？」と質問すれば、「はい、しました」もしくは「いいえ、していません」のように、「はい」か「いいえ」で答えることができるだろう。「はい、最近旅行しました」と答えた場合、続いてオープン・クエスチョン（限定質問）の、「いつ」「どこ」「だれ」を使って、「いつ旅行したのですか？」「どこに旅行に行ったのですか？」「だれと旅行に行ったのですか？」などと質問をするのだ。

第3段階：オープン・クエスチョン（拡大質問）

　3段階目の質問として、オープン・クエスチョン（拡大質問）がある。これは、「なぜ」「なに」「どのようにして」を尋ねることだ。お酒の事例でいうと、「なぜAさんと一緒に飲んだんですか？」「何を食べながら飲んだんですか？」「どのようにして飲んだんですか？」などと聞くことができる。これに対して「Aさんに悩みを聞いてもらいたいと思ってお酒に誘いました」「昨日はカレーを食べながら飲みました」「お酒はお湯割りにして飲みました」などと答えることができるだろう。この第3段階の「な

ぜ」「なに」「どのようにして」という質問までくると、話の内容が少し深くなるのだ。

外国人の要望だけでなく欲求も聞き取る

　事前期待と事後評価という言葉がある。事前期待とは、事前に外国人に期待すること。そして事後評価というのは、事後にその期待に応えられたかの評価をすること。

　事前期待が大きく、事後評価が低い（事前期待＞事後評価）場合、これは"不満足"になる。たとえば、外国人社員が仕上げの仕事をしたいと言ったとしよう。それに対して、仕上げの仕事はさせずに、まったく違う仕事をさせたら、これは不満足になるのだ。

　次に、事前期待と事後評価がイコールの場合（事前期待＝事後評価）。これは、期待していた通りの仕事・評価があるということだ。たとえば、外国人社員から仕上げの仕事がしたいという要望があれば、その要望に応じて仕上げの仕事をしてもらう。このような、事前期待と事後評価がイコールの関係を"満足"の関係という。しかし、それは普通の評価でしかない。要望に対して応えるのみであれば、そのうち少し賃金が高いという理由だけで、よその会社で働いてもいいなと思ってしまうのである。

　そして、事前期待よりも事後評価が大きい場合（事前期待＜事後評価）。たとえば、仕上げの仕事がしたいという外国人社員に対して、仕上げの仕事とともに、それに関係する仕事も合わせてしてもらうという場合である。このような場合は、期待していたことを超える評価を外国人が持つということになる。この関係を"感動"の関係という。感動とは、感じて行動するということ。この感動の関係が続けば、引き続きこの会社で働きたいと思うだろうし、さらには仲間の外国人に「あの会社で働くと勉強になるぞ」などと伝える人も出てくるかもしれない。

　外国人の期待に対してイコールの評価があるということは、外国人が口頭や文書で伝えたことに応えられているという意味である。外国人が口頭

や文書で伝えたこと、これを要望（ニーズ）という。要望（ニーズ）に応えるとイコールの関係ができるのだ。一方、外国人が口頭や文書で示した要望（ニーズ）に応えるだけではなく、外国人が心の中で欲している欲求（ウォンツ）に応える。そうすることで感動の関係ができ、長く働いてもらうことができるのである。つまり、調査力（リサーチ）では、外国人の要望を聞くだけではなく、外国人の欲求を聞き出し、それに応えることが重要になるのだ。

視点をマネジメントする

　外国人とのやり取りの中で、あえて話の話題を変えることを、視点をマネジメントするという。

　そのうちのひとつに、チャンクダウンがある。これは、今している話をさらに詳しく掘り下げるという意味だ。このときに用いる言葉は、「もう少し詳しく言うと」「わかりやすく言うと」「母国語で言うと」などである。そうすると、あいまいな表現をさらに深く掘り下げ、どのようなことを期待しているのか、どのようなことで困っているのかを確認することができる。

　次に、チャンクスライド。これは、話の幅を広げるという意味だ。あまり一定の話ばかりしていると他の話に移らないので、話題を変えるということである。用いる言葉として、「他にはありませんか」「○○はどうですか」などがある。

　チャンクダウンとチャンクスライドを使用することで、ある１点を掘り下げたり、話の幅を広げたりすることができる。

問題発生時の聴き方

　続いて、何か問題が起きたときに解決策を探るときの「聴き方」について解説しよう。

　このような場合には、①出来事、②感情、③計画について聴くとよい。

①出来事…「何があったのですか」「起きたことを教えてください」と
いうように実際にあった事実を聴く質問
②感情…「そのときの気持ちはどうでしたか」「どう思いましたか」と
いうように出来事が起こったときの気持ちを聴く質問
③計画…「あなたの夢や希望を教えてください」「将来どうしたいので
すか」というように将来の計画を聴く質問

この３点を聴くことで、起こった問題を前向きに解決することができる。
たとえば、指示通りにやらない、注意しても聞かない、仕事をなかなか
覚えない外国人に対しての対応を考えてみよう。
まず、出来事。「現場で何があったんですか」「どのように注意されたん
ですか」などのように聞く。
そして、感情。「仕事がなかなか覚えられないことに対してあなたはど
のように思いますか」「指示されたときにあなたはどのように思ったので
すか」「注意されたときにどんな感情でしたか」などと聞く。
そして、計画。「今後あなたはどのようになりたいんですか」「どのよう
な仕事を覚えたいですか」「日本でどのような生活をしたいんですか」と
先のことを聞くのだ。すると、自分の夢を思い出し、目の前の問題を自分
で解決しようと思うものだ。

次に、社員同士の関係がうまくいかず、言い争いになってしまう外国人
に対してだとどうなるだろうか。
まず、出来事。「日本人の同僚とどんな出来事があったんですか」「日本
人と言い争いになった状況を教えてください」と聞く。
続いて、感情。「日本人と言い争いになったとき、どんな気持ちになり
ましたか」「日本人との関係がうまくいかないことについて、どんな感情
を持ちましたか」。

そして、計画。「あなたは仲間との人間関係を今後どうしたいのですか」「日本人とどのような関係を築きたいですか」ということを聞くのだ。すると、「外国人だから話さえ聴いてくれない」と思っていた外国人でも、今度は「しっかり話を聴いてもらったので、何とか解決しよう」と思うものだ。

話を聴く態度によって外国人は心を開く

話の聞き方の5段階について説明しよう。

第1段階：無視。外国人の目を見ず他のことをするという話の聞き方である。このような話の聞き方をすると、外国人は話をしたくなくなるだろうし、話すことが嫌になったりするだろう。

第2段階：相づち・うなずき。相づちは、は〜ひ〜ふ〜へ〜ほ〜を用いるといいだろう。「は〜、なるほど」とか、「ふ〜ん」「へ〜」「ほ〜」などだ。また、「そうだね」などとうなずく（やや大げさに顔を縦に動かす）ことも、外国人の話をよく聞いていると示すことができる。

第3段階：オウム返し。外国人の言ったことをそのまま反復する。たとえば、「私の好物は、母がつくったフォーです」と外国人が言ったとする。そうしたら、「あなたの好物はお母さんがつくったフォーなのですね」とそのまま返すのだ。それにより、外国人は話をしっかり聞いてくれているのだと感じ、さらにもっと話したいと思うだろう。

第4段階：要約オウム返し。これは、外国人の言ったことを要約して反復することである。たとえば、「私の好物は、母がつくったフォーです。何とか同じようにつくろうと思い、まずはレシピを書きました。そしてそのレシピをもとにしてつくり方を一所懸命に練習しました。その結果、母と同じ味のフォーをつくれるようになったのです」などと話したとする。それを、要約して返すのだ。「あなたは一所懸命練習をし、お母さんと同じ味のフォーがつくれるようになったのですね」というふうに縮めるのである。

第5段階：感情オウム返し。 今度は外国人の言ったことに感想を添えて反復をする。先ほどの事例でいうと、「あなたは自分でフォーをつくれるなんてすごいですね。私は料理がまったくつくれないので尊敬します」という形である。

　この5段階を認識し、外国人の話を聞くことで、外国人は今までに伝えたことのないような話をしてくれるようになったり、あまり口数が多くない人でもたくさんのことを話してくれるようになるだろう。

3. ライティング：文章力

　外国人にこちらの言いたいことを伝えるために、書いて渡すという方法がある。書いて渡すための手段として、文字を書く、図面にする、写真を見せるなどがある。

　ここでは、筆談集を作成するという方法について説明する。外国人が筆談集を使って伝えたいことの文章を指し示し、日本人に表現するという方法である。建設業の現場でよく用いる会話について筆談集をつくることで、日本人から外国人に伝えやすいし、また外国人も明確に自分の言いたいことを伝えることができるようになる。

　では、どのような筆談集をつくればいいのだろうか。巻末の**付録1**に、日本語・英語・中国語・ベトナム語・インドネシア語・モンゴル語・ミャンマー語・タイ語の8か国語の筆談集を掲載したので、活用してほしい。

　なお、日本政府観光局『TOURIST'S LANGUAGE HANDBOOK　日英会話筆談集』(2019) には日常会話に必要な日本語と英語がまとめられている。巻末付録に加えて、参考にしてほしい。

①会社にて

　外国人が建設会社で働く場合に、挨拶の仕方とともに、勤務時間、休日、宿泊場所、食事の方法、病院、コインランドリーの場所など、住まい方を建設会社の社員に聞くケースがある。**付録１**の①はその場合の筆談集である。

②工事現場にて

　建設業の特徴は、毎日異なる現場に行くことがあることだ。そのため工事現場に行ったときによく分からなくなるようなことが多い。たとえば、今日の作業内容、資材の置き場所、トイレ・休憩所の場所、などだ。これらを筆談集にしておくとよい。また現場で体調不良となった場合に、すぐに外国人が伝えることができるようにすることも重要だ。

　このように、外国人が安心して自分の言いたいことを伝えたり、日本人が外国人に伝えることができるように、筆談集を用いることは有効である。書いたり指さしたりすることで、コミュニケーションを円滑にすることができるようになる。

4. プレゼンテーション：表現力

　続いて、プレゼンテーション（話す力）について解説しよう。

　外国語に慣れない私たちは、外国人を前にするとどうしても「うまく話さなければいけない」とか、「どのようにして伝えればいいだろう」と思ってしまう。自分は外国人が苦手だからと、結局何も話すことなく伝えることをしないというケースもあるだろう。しかし、安全に現場で働くためには、必要な事項を的確に伝える必要がある。ここでは、外国人が理解しやすいように話すには、どのようにして伝えればいいのかについて解説する。

わかりやすく伝える方法
日本語で話す

　最も簡単で良い方法は、自分は日本語で話すということである。特に相手が英語圏の外国人に対しては、こちらも英語で話そうとするが、なかなかうまくいかない。日本では日本語で話すというのを徹底したほうがかえってコミュニケーションはうまくいく。慣れない英語などで話すより、「日本語で話す」ことを徹底してみよう。

言葉が通じなくても、意外とコミュニケーションは取れる

　「そうはいっても、日本語がまったくわからない外国人が相手ではコミュニケーションが取れないのでは？」と思う人も多いことだろう。しかし、人は言語よりも非言語コミュニケーション、つまり身振り、手振り、表情のほうを多く使っている。正確に言葉が理解できなくても、外国人の表情やしぐさ、持ち物や状況などから外国人の言いたいことがわかるものだ。

　特に工事現場では、危険のポイントや作業上の留意点を外国人が理解しているかどうか、よく表情を見ながら話すことが大事である。

　非言語コミュニケーションでやりとりする場合、ちょっと大げさにするほうがよい。「この手順でやるんだよ」「これ持っていって」「このように作業するんだ」ということをジェスチャーや表情とともに伝えるとよい。外国人は動作が大きい人が多いが、その人のまねをすればよい。

日本語が少しできる人には、「和語」「短文」「ですます調」で

　日本語でやりとりをしようと書いたが、できるだけ平易な日本語を使うとよい。平易な日本語とは「和語」「短文」「ですます調」である。

「漢字」でなく「和語」で

　漢字や熟語は日本人にとっても難しいものなので、外国人であればなおさらだ。そこで、理解しやすいようにできるだけ漢字や熟語を使わず「和語」を使うとよい。

たとえば、「工期遅延」というように漢字が続くとわかりにくい。そこで「工事のスケジュールが遅れている」と言うとよい。「休工」も難しい熟語だ。「工事」と「休み」を使い「今日の工事は休みです」と言う。

　和語に言い換える事例を以下に記載する。

作業中止→作業を止める

朝食→朝のごはん

削減する、低減する→減らす

遅延する→遅れる

混入→まぜる

打設→打ち込む

開始→始める

終了→終わる

荷下ろし→荷物を下に置く

積荷→荷物を積み込む

　和語に慣れるためには、日本人同士の会話であっても、漢語ではなく、和語で話すようにするとよいだろう。

「長文」でなく「短文」で

　長い文章が続くと、結局何が言いたいかを理解することが難しくなる。たとえば、「今日は悪天候のため、コンクリートの打設を中止して荷下ろし作業にする」と伝えるより、「今日は天気が悪いです。そのためコンクリート打ち込みは止めます。今日は、荷物を下に置く作業をします」のように10〜20文字程度の短い文章で伝えるとよい。

「である調」でなく「ですます調」で

　外国人が日本語を学ぶ際、まずは「ですます調」で学ぶ。そのため外国人には「ですます調」で話すほうが理解してもらいやすい。

　「その荷物を持ってこい」ではなく「その荷物を持ってきてください」と言うと、外国人にとっては日本語の教科書に出てくるような表現のため

わかりやすいのだ。

意味を取り違えやすい言葉

　日本語では、同じ発音でも違う意味の言葉がある。私たちは無意識にどんな意味かを理解しているが、外国人にとっては難解だ。

　たとえば、「いって」は、「言って」と「行って」の2つの意味がある。「いってください」は「話してください」か「動いてください」のほうがよい。

　「すみません」も多くの意味がある。謝る場合は「すみません」より「ごめんなさい」、人を呼ぶ場合は「○○さん」と名前を呼ぶのがよいだろう。

　「いいです」「けっこうです」はOKなのかNGなのかがわからない。「はい」か「いいえ」とともにOKかNGかを伝えるのがよい。

　このように、同じ音で意味を取り違えやすい言葉の場合は、取り違えにくい日本語を使う必要がある。

相手の心が動く瞬間

　プレゼンテーションなどで話をしたとき、その話が外国人に伝わり、外国人の心が動くとすれば、そのプレゼンテーションは成功であったといえるだろう。では、どのようにして話せば、外国人の心が動くプレゼンテーションができるのだろうか。心が動く瞬間には3つのポイントがある。

1.「無意味なこと」に意味を見出したとき

　たとえば、ただ「このレンガを積んでくれ」と言われても、心は動かない。しかし、「ここに教会をつくることで、この街を平和にするという仕事がある。その教会の南側の壁のレンガを積んでほしい」と言われると、心が動くだろう。良い教会をつくって、この街の人を幸せにしたいと思うとやる気が出るだろうし、精度良く教会をつくろうという気持ちも高まることだろう。つまり、指示をしたり命令をしたりするときは、意味や目的を伝えることが重要なのである。

2.「複雑なこと」が単純化されたとき

　「今回の工事の作業手順は、こうでああで……」とダラダラと言われても、心は動かない。そもそも、その話が頭に入ってこないからだ。それを、「今回の工事作業のポイントは3つです。1つ目は○○、2つ目は○○、3つ目は○○です」などというように、ポイントを数字で示したあと、説明をするのだ。そうすると、頭に入ってきやすいし、メモも取りやすく、結果として心が動くのである。複雑なことを単純化して、3つや5つにポイントをまとめて話すことが重要になる。

3.「見えない」ことが見えたとき

　相手の話の内容が見えないと心は動かない。一方、相手の話が見え、相手の話していることが映像として頭に浮かんだとき、その話に聞き手は心が動くのである。自分の話を外国人の心の中に見せるようにするためには、どのようにすればいいのだろうか。それはまず、論理的に話すことだ。そして、図面や写真を用いて話すことも重要である。さらには、自分の実体験を踏まえた具体的な事例で話すと、まるで絵に描いたようにその話を頭に思い浮かべてもらうことができるだろう。

仕事の手順を起承転結で説明する

　この3つのポイントを踏まえて外国人に伝えるときに、「起承転結」で話すと通じやすくなる。

　「起」では、キーワード（説明のタイトル）とアウトライン（2〜3つ程度）を示す。これにより、複雑なことが単純化する。

　「承」では、目的と内容を示し、各項目の詳細説明をする。これにより、無意味なことに意味を見出させる。

　「転」では、事例（実体験）を固有名詞や数値を用いて話す。これにより、見えないことが見えるようになる。

「結」では、「起」で述べたキーワードとアウトラインを再度述べ、この
プレゼンテーションを締める。

　この3つのポイントを活用したプレゼンテーションの方法を解説しよ
う。ここでは、外国人にある作業のポイントを伝えるという場面を想定す
る。これまで述べたようにやさしい日本語を使うことも意識しよう。

　まず、「起」として全体像を説明する。

　「〇〇作業のポイントを説明します。ポイントは3つです。1つ目は図
面をよく見ること。2つ目は材料を取り違えないこと、そのため品番をよ
く見ること。3つ目は安全帯を使うこと。以上、3つが重要なポイントです」

　次に、「承」として作業の目的と、先ほど述べた3つのポイントを詳し
く説明する。

【目的】「地震が起きても学校が崩れず、ここで学ぶ生徒の安全を守るため
に、建物を強くすることが目的の工事です」

【ポイント】「1つ目は図面をよく見ること。この建物は形が複雑で、学校
で学ぶ生徒や先生も近くにいます。だから、通路やトイレの位置などを図
面でよく確認しておく必要があります。2つ目は材料を取り違えないため、
品番をよく見ること。この工事で使う材料は30種類あり、取り違えると
工事のやり直しになります。材料に番号が書いてあるので、よく確認して
作業しましょう。3つ目のポイントは安全帯を使用すること。2m以上の
高いところから落ちると必ずけがをします。そのため、もしも足をすべら
せたり、バランスが悪くなっても下まで落ちないよう安全帯を必ず使いま
しょう」

　続いて、「転」として事例の話をする。

　「これが、20●●年●月に地震に耐える工事をした〇〇中学校の完成写
真です。また、これが●月と●月に撮影をした作業中と作業が終わったあ

との写真です。

　材料の一覧表とその写真がここにあります。このように30種類あるんです。

　安全帯はこのように身につけます。Dリングにベルトを通し、逆さにして差し込みます。一度やってみてください。現場で使うときには、「二丁掛け」といって、2つの金具を使って作業をします」

　最後に「結」として、キーワードとアウトラインを再度述べ、締める。

　「これまで述べてきたように、この作業のポイントは3つあります。1. 図面をよく見ること、2. 材料を取り違えないこと、3. 安全帯を使うことです」

　外国人に対して、このようにやさしい言葉で明確に作業のポイントを伝えることで、正確に仕事の内容を理解してもらえ、さらに外国人のやる気も上げることができる。

5. クロージング：交渉力

　クロージング（交渉力）について解説する。外国人とのコミュニケーションの中では、外国人に対してこちらから要求したり、外国人からの要求に対応したりすることについて、葛藤が発生することがある。これに対してお互いが納得いく形で交渉をまとめ、そして次のステップに移行しなければならない。そうしなければ、工事が止まってしまうからだ。自分と外国人との葛藤をまとめ、一歩前に進めることができる能力を交渉力という。ここでは、交渉力をいかにして高めるかについて、考えてみよう。

無理やりでなく自発的に

交渉とは、無理やり外国人を説得し、納得させるのではなく、外国人が自ら自発的に当方の意見に同意してくれるよう調整することをいう。ではどのようにすれば、外国人が自発的に受け入れてくれるような有利な交渉をすることができるのかを解説しよう。

　ここで日本人上司Aさんの交渉相手として、外国人Bさんを考えてみよう。

1. 本当のところ話法

　外国人が、本当に何を望んでいるのかを知らずに交渉してもうまくはいかない。そんな時に「本当のところは何ですか」という問いかけをすると外国人が深く考えてくれるために、本当の気持ちを知ることができる。

　外国人との給与交渉の事例で見てみよう。

　日本人上司A「この賃金で働いてもらいたいのですがどうでしょうか」

　外国人B「もっと上げてもらえませんか」

　日本人上司A「そうですね。上げてあげたいところですね。ところで今何が一番お困りですか」

　外国人B「そうですね、やはり家族への仕送りを増やしたいです」

　日本人上司A「本当のところは何ですか」

　外国人B「1日でも早く仕事を覚えて、母国で給料の高い会社に就職したいです」

　日本人上司A「そうですか。では、早く仕事を覚えることができるよう、毎月1回日本語の勉強会や、技能の実習を行いましょう。スムーズに仕事ができるよう配慮しますので、この賃金でご了解してもらえませんでしょうか」

　外国人B「それはありがたいです。ご配慮いただきありがとうございます。がんばります」

人は、本当に望んでいることを叶えてもらえば、他のことは多少目をつぶるものである。本当に欲していることを聞き出すことがポイントだ。

2. 二者択一話法

こちらの主張を繰り返すだけでなく、外国人が選びやすく、かつ承諾しやすい選択肢を考えておき、少しずつそれを小出しにするとよい。

仕事を選り好みする外国人との交渉事例を見てみよう。

外国人Ｂ「この仕事は体がきついのでしたくないです」

日本人上司Ａ「では、体は楽だが技能が身につかないＸの仕事と、体はきついけれど技能が身につくＹの仕事ではどちらがいいですか」

外国人Ｂ「うーん、どちらかというとやはり仕事を覚えたいのでＹです。Ｙの仕事で体が楽な工事はないですか」

日本人上司Ａ「わかりました。では、Ｙの仕事に近いけれど、通いの時間が長いY_1の仕事と通いの時間が短いY_2の仕事ではどちらがいいですか」

外国人Ｂ「僕は家族がいるわけではないので、遠い現場でもいいので、Y_1の仕事をしたいです」

日本人上司Ａ「わかりました。それではY_1の仕事を担当してください」

いきなり「ダメだ」では、やる気を失うものだ。二者択一で徐々に選択肢を狭めていくとよい。

3. ストーリー話法

無理やり外国人を説得しようとしても、追いかけると逃げる、の言葉通り逃げてしまう。そこで、外国人が共感する話（ストーリー）をすることで興味を持ってもらい同意してもらう方法である。

外国人の後輩からの相談を受ける事例を見てみよう。

外国人Cが日本人の先輩社員Dに相談をしている。

外国人C「Dさん、もう国に帰ろうかと思うのですが……」

先輩社員D「いったいどうしてだい」

外国人C「建設現場は、朝早くから夜遅くまで働き通しだし、日本語もなかなか覚えられないのです」

先輩社員D「そうか。実は5年前にいた外国人社員Eくんも君と同じことを言っていたよ」

外国人C「えっ、そうなんですか」

先輩社員D「Cくんと同じように、体がきつく、日本語が上手にならないと」

外国人C「僕と同じですね」

先輩社員D「そんな時、Eくんが現場の近くのおばあさんから言われた一言がEくんの人生を決めたんだよ」

外国人C「なんて言われたのですか」

先輩社員D「そのおばあさんは、Eくんの毎日のがんばりを見ていて、感心をしていたそうだ。『あなたは国を離れて働いていてえらいね。あなたのおかげで、道路がきれいになって、日本人を代表してお礼を言います。ありがとうございます』と」

外国人C「『日本人を代表して』なんて言われて、嬉しかったでしょうね。せっかく日本に来たので、もっともっと日本語を勉強して、僕も『ありがとう』と言ってもらえるようがんばります」

そのタイミングに合ったストーリーを持っていると、外国人に共感してもらうことができる。そのためには、たくさんの話の引き出しを持っておくことが大切だ。海外旅行をして外国のことを理解したり、さらに日記を書いたり、本を読んだら所感を書き残し、エピソードを体系化しておくとよい。

4. イエスイフ話法（はい、ただし……）

　交渉では、断りたい時も、了解したい時も、こちらの返事は「イエス、イフ」（はい、ただし……）とするのがよい。「イエス」といって基本的には了解しながら、「イフ」といって条件をつけるのである。

　外国人と給与交渉をしている事例を見てみよう。

　外国人B「給料の一部前借りをお願いできませんか。生活費がなくなってしまったので」

　日本人上司A「はい、わかりました。ただし、会社としては前借りを認めていないので、社員全員の積立金からなら支払えます。その場合、社員全員の了解を得る必要があります」

　外国人B「それはたいへんですね。もしも社員全員の了解を得られたら、そのときにまたお願いにきます」

　簡単に「イエス」で終わらせず、その場合での条件を必ずつけることが重要である。

5. イエスバット話法（はい、しかし……）

　イエスバット話法はイエスイフ話法と似ているが、外国人に質問することで、外国人が自ら自分の主張していることの矛盾に気づくという手法だ。

　仕事がきついという外国人への対応事例を見てみよう。

　外国人B「○○取付の仕事は、きつすぎます。他の仕事に変えてください」

　日本人上司A「その通りです。確かに○○取付の仕事はきついです。ところで、何と比較してきついと思いますか」

　外国人B「レストラン店員とか、コンビニ店員とか…」

　日本人上司A「なるほど、レストランやコンビニの店員と比べるときついですね。ところで、あなたは国に帰ってレストランやコンビニで働き

たいのですか」

　外国人Ｂ「いいえ、私はサービス業が苦手で、黙々と働く仕事が好きです」

　日本人上司Ａ「そうですね。あなたは体を動かす職人的な仕事が合っているでしょうね」

　外国人Ｂ「そうか、自分に向いている仕事をやる限りは、少々きつい仕事も我慢しないといけないですね…」

　相手が自らの発言のおかしさに気づけば、自分からその発言を引き取ってくれるのだ。そのためには、それに気づいてもらうための適切な質問が必要だ。

6. もし仮に話法

　交渉の最後には、外国人の背中をポンと押す一言が必要だ。それは「もし仮に」である。もし仮に、頼まれたことをやるとどうなるのかを想像してもらうのである。

　外国人になかなか働き手として友人、知人を紹介してもらえない場合に、背中を押すやりとりを見てみよう。

　日本人上司Ａ「いつも現場でがんばってくれて、ありがとう。日本での仕事には慣れましたか」

　外国人Ｂ「はい、とても気持ち良く働けています。周りの日本人も皆さん優しくしていただけます」

　日本人上司Ａ「それは良かった。ところで、ご友人や知人で、日本で働きたいという人を、当社に紹介してもらえませんか」

　外国人Ｂ「そうですねえ。仕事には満足していますが、知人を紹介するには責任もいるし、他の人を紹介するということはまた別の話です」

　日本人上司Ａ「わかりました。ところでもし仮に、紹介してもらえるとすると兄弟とか友達とかでしょうか」

外国人Ｂ「私は４人兄弟の長男で弟と妹が３人いるので、紹介するなら兄弟かなあ」

　日本人上司Ａ「もし仮にご紹介いただくとすれば、お３方の中でどなたですか」

　外国人Ｂ「それは弟です。近く日本に来たいと言っていたのです」

　日本人上司Ａ「弟さんがもし仮に日本に来るとすると、いつごろでしょうか」

　外国人Ｂ「ビザのことがあるので、３月までに来たいと言っていました」

　日本人上司Ａ「今は８月ですが、それなら来日半年前の９月までには働く場所を決める必要がありますね」

　外国人Ｂ「そういえばそうですね。早速今から弟に電話をしてみます。Ａさん、一度話をきいてやってもらえませんか」

　「もし仮に」と言いながら、外国人にプラスのイメージを膨らませ、それを決断に結びつけるという手法である。良いイメージが湧くような問いかけをすることが重要である。

＊　　　　＊　　　　＊

　外国人とコミュニケーションを取る場合には、言葉と生活習慣の違いの壁があり「あうん」の呼吸では上手くいかないことが多い。そのため、ここまで述べたように親密力（アプローチ）、調査力（リサーチ）、文章力（ライティング）、表現力（プレゼンテーション）、交渉力（クロージング）を日本人に対する以上に配慮して行う必要がある。

技能実習生として働いたあと、
現地法人で活躍してほしい——矢野建設株式会社

　「矢野建設株式会社」は、工場・倉庫・事務所・オフィス建築・住宅・リフォーム・不動産など多岐にわたり事業を展開している。現在、ベトナムからの技能実習生を 16 名受け入れており、その世話役を同じくベトナム出身で勤続 9 年の社員であるグエンさんが担っているという。

ベトナム人技能実習生と会社との架け橋に

　日本に来て 16 年目のグエンさん。9 年前、愛知県にある中部大学の建設学科を卒業後に入社。会社はグエンさんの入社を機に、ベトナム人の研修生を受け入れるようになった。最初は 2 人の技能実習生から始まったが、次々に後輩が増え、今は 16 人が働いている。

　「私は技能実習生の上司ではなく、お兄さんのような存在です」と話すグエンさん。終業後に技能実習生たちと連れ立って食事に行くこともしばしばあり、そこでは「挨拶を欠かさないこと」「時間をきっちり守ること」「間違えたら謝ること」など、自身の経験から日本で働く上で大切だと思ったことを適宜アドバイスしている。

　逆に、技能実習生の悩みを聞き、働きやすい環境を提供するのもグエンさんの役目だ。

　ある朝、朝礼でグエンさんは日本人社員に向けてこんな話をした。「ベトナムで 6 か月間日本語を勉強してきた人の会話力は、小学 2、3 年生くらいだといわれています。子どもの言葉しか話せないし理解できないということです」。

　彼らの多くが悩むのは、現場でのコミュニケーション。グエンさん自身が入社した当時、ベトナム人の社員は 1 人しかおらず、「外国人に何ができるんだ」という態度をされることがしばしばあったという。「監督や職人に挨拶をしても、返事をしてもらえなかった」「つたない日本語で話しかけたら、『何？』『知らない！』とキツく返された」などといったことも。萎縮してしまい、話しかけにくくなってしまうと、ますます日本語が上達しない。結果的に、業務

にも支障をきたしてしまう可能性もあるため、理解してもらうことが必要なのだという。

技能実習生も "社員" さながらに尊重する

「技能実習生は、"社員" のようなもの。現場でキツい作業をきちんとこなしてくれる彼らは、矢野建設にとってなくてはならない存在です」と、矢野社長は話す。日本で建築系の学校を卒業後に入社しても一人前になる前に10人中9人くらいは辞めてしまうのが現実だという。学校ではなく現場で覚えることが多い建設業界。即戦力になる前に辞められてしまうと会社としては痛手だ。技能実習生は最長で5年しか働けないが、5年もいれば日本語も不自由なく話せるようになり、現場では主体的に動いてくれて、時にはフォローにまわってくれることもあるという。「私たちからすると、ベトナムに帰すのが惜しいくらい。将来的には、ベトナム人の監督がいてもよいのではないかと考えています。制度的に難しい部分はあるのですが、どうにか彼らが日本でずっと働けるようにしたいですね」。

社内で技能実習生に会うことがあれば「元気か？」と、社長から声をかける。悩みがありそうなら話を聞いてあげることもある。成長を感じたときは、素直に褒めてあげる。接し方は、日本人社員とまったく一緒。日本人、外国人というのは関係なく、仕事をきちんと真面目にしてくれた人を評価する社風なのだという。全体会議や忘年会、ボーリング大会、食事会などにも参加してもらう。会社の一員として迎え入れている。

ベトナム人の技能実習生と働く上で配慮していること

同時に、矢野社長は技能実習生として働く彼らに、特別に配慮している部分もある。彼らの中には日本に来るための支度金を借金でまかなってきた人も多く、手取りの6割から7割くらいを母国の家族に送るのが一般的。「十分に稼がせてあげるというのは、コミュニケーション以前の配慮だ」と話す。

たとえば、日本ではGWやお盆休みなどでも、彼らは休んでしまうと手取りが減ってしまう。場合によっては、それがより給料の高い会社を求め、悪い

誘いに乗って逃げ出すことにつながりかねないのだ。そういったリスクを避けるために、矢野建設ではあえて長期休暇にしかできない仕事や雨の日でもできる仕事を受注している。規定内で彼らが最大限に働いて稼げるよう、会社として仕事を調整しているのだ。

その上で、コミュニケーションを取る際にも気をつけていることがある。大勢の前で頭ごなしに怒らないことだ。「ベトナム人は良くも悪くもプライドが高く、人の前で名誉を傷つけられることに敏感な人が多いという印象」だと話す矢野社長。注意すべきことがあるときは、全員を集めて「こういうことをしてはいけない」などと説明するという。

また、母国を離れて働くという孤独を経験したグエンさんは、「寂しい思いが募ると、つい悪い誘いに乗ってしまうこともあるかもしれない。そうならないよう、終業後や休日には彼らを積極的に誘うようにしています」と話す。また、彼らはFacebookやTwitterなどのSNSにプライベートな投稿をする傾向にあるため、こまめにチェックして、心配な兆候がある場合は声をかけることもある。

こうした多方面からの温かいサポートが功を奏して、これまで受け入れた30〜40人のうち、未だ失踪者はゼロだという。

現地法人を設立。ベトナム進出のきっかけに

6年前、社長とグエンさんでベトナムに「株式会社 YANOKEN CONSULTING VIETNAM」を設立。同社にはベトナムでの建築施工だけでなく、これまで時間や手間をかけてきた2D図面・3Dパース作成、建築積算作成、建築施工図作成などを任せることにした。ベトナムではコンピュータ教育に力を入れていて、使いこなせる人が多い。グエンさんがその強みに目をつけたのだ。矢野建設では、見積もりの依頼はとても多いが、受注につながるのはほんの一部。人件費の安価なベトナムに煩雑な作業を委託することで、見積もり制作にかかっていたコストを4分の1くらいに抑えることができているという。

さらに、矢野建設ではBIM（Building Information Modeling）の導入も進めている。意匠・構造・設備の情報を3次元の建物モデルに集約することで、

建設現場の効率化を急速に叶えることができると注目されているシステムだ。これまでなら、一部の仕様に変更が発生した場合、全部の図面を手で描き直す必要があった。監督が作業の終わった18時ころから描き始めて、描き終わるのが夜中の2時、3時…ということも。その作業をBIM化してベトナムに委託することで、修正点だけを渡せば次の朝には修正が上がっている状態に。それを監督がチェックして、お客さんや職人さんに見せて情報共有をするだけで済むようになり、現場の負担が劇的に減った。

　それだけではない。ベトナムでの日本語教育や日本留学サポートも本格的に始めている。そこで学んだ学生が技能実習生として矢野建設で学び、帰国した後は現地法人で働くという道も開かれるだろう。エンジニアとして、もう一度来日し、矢野建設に戻ることもあるかもしれない。矢野社長とグエンさんの奮闘により、ベトナム人の現場監督が矢野建設を支える日も近づいている。

不法就労、事故、失踪…　問題が起こる前に

1.「リスクマネジメント」と「危機管理」

「危機管理」というのは、すでに起きた事故や事件に対して、そこから受けるダメージをなるべく減らそうというものである。だから、大災害、大事故、大震災の直後に設置されるのは、「危機管理室」や「危機管理体制」などと呼ばれる。

これに対して「リスクマネジメント」は、これから起きるかもしれない危険に対して、事前に対応しておこうという行動である。

外国人が失踪しないように、まめに面談をするのは「リスクマネジメント」である。外国人が失踪することを想定して、母国の連絡先を聞いておいたり、所有物の処分などを規定した契約を締結しておくことを「危機管理」という（**図5-1**）。

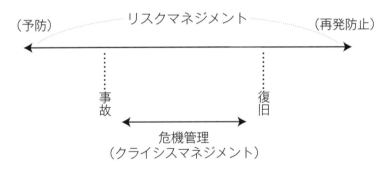

図 5-1　危機管理もリスクマネジメントの一手法である

2. ハザード、リスクから損失に至るメカニズム

リスクを見極めるには、リスクの背後にあるハザードを知らなくてはならない。ハザードとは、リスクの原因である。

ハザードから損失に至るフローは次の通りだ。

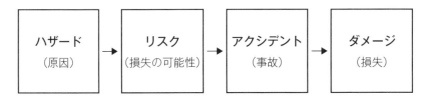

図 5-2　ハザードから損失に至るフロー

　たとえば、外国人が特定の宗教を信仰していたとしよう。この「信仰」は習慣の違いからトラブルにつながりうる「ハザード」である。

　「宗教信仰」の事実が前もってわかっていれば、問題は起きないだろう。「ハザード」の存在がわかれば、お祈りの時間を話し合うなどのように「リスク」を管理できるのである。しかし、「ハザード」（信仰）があることに気づかずに雇用すれば、「リスク」（社員との諍（いさか）い）が発生し、さらに問題がこじれると労働紛争になるという「アクシデント」を迎え、本人は退社、会社は慰謝料支払いやイメージ悪化という「ダメージ」（損失）を被ってしまうかもしれない。

　「ハザード」が見えていないと、それだけ、「ダメージ」（損失）を受ける「リスク」が増えるのである。

ハインリッヒの法則

　ハザードからリスクが発生するメカニズムを示しているのが、「ハインリッヒの法則」である。これはドイツ系アメリカ人の保険事故調査員ハインリッヒによるもので、もともとは労働災害の統計を分析して導き出した法則である。

　これによると、1件の重大な「アクシデント」（事故）の背景には29件の軽微な「アクシデント」があり、「アクシデント」には至らないものの「ヒヤリ」とした、「ハッ」とした事象（ヒヤリ・ハット）が300件あるという（これを「インシデント」という）。そして、その「ヒヤリ・ハット」というミスにつながる環境、要因、原因に当たるのが、数千という「ハザー

ド」なのである。

　これら「ハザード」の中には「コンプライアンス」に関するものも多く含まれる。法律の知識がないと「ハザード」が見えないため、「リスク」、「アクシデント」、そして「ダメージ」へと進んでしまう確率が高くなる。

3. ハザードを把握する

　図5-2のように組織にとってのダメージ（損失）は、ハザード（原因）→リスク（損失の可能性）→アクシデント（事故）→ダメージ（損失）の流れによって発生する。つまり「ダメージ」を防ぐためには、その原因である「ハザード」を把握することが重要だ。

　「ハザード」には、大きく分けて2つの種類がある。それは、マクロハザードとミクロハザードである。

　このうち、マクロハザードというのは、企業や個人ではコントロールできないハザードのことだ。その種類と具体的な事例を挙げてみよう。

　　・政治的ハザード……政権交代
　　・法的ハザード………出入国管理法の改正
　　・経済的ハザード……為替の変動、インフレ、デフレ
　　・環境的ハザード……地球温暖化
　　・自然的ハザード……地震、水害
　　・宗教的ハザード……信仰の違いによる紛争
　　・文化的ハザード……文化、風習の違い、言葉の違い
　　・社会的ハザード……感染症の発生
　　・技術的ハザード……技術の急速な進展

　マクロハザード自体をコントロールすることはできないが、対策を立て

ることは可能だ。そのためにはマクロハザードによって未来がどうなるか
を想定することだ。

　法的ハザードであれば、出入国管理法が改正されれば外国人の雇用にど
んな影響があるのかという仮説を立てる。経済的ハザードならば、円高が
進行すれば本国への送金はどうなるのかを計算してみるのである。

　これに対してミクロハザードは、企業や個人でもコントロールできる。
たとえば、次のようなものだ。

・物理的ハザード……ものの物理的諸条件に基づくもの
・モラール（士気、morale）ハザード……人の意欲喪失や不注意に
　基づくもの
・モラル（道徳的、moral）ハザード……人の故意や悪意に基づくもの

　物理的ハザードとは、たとえば重機の運転時における「軟弱地盤」や「重
機の故障」である。「軟弱地盤」に対しては敷鉄板をしたり、地盤改良を
したりすればいいし、「重機の故障」に対しては、重機の点検の実施、修
理をすればよい。

　モラールハザードとは、たとえば運転不慣れによる操作ミス、周囲の人
たちとの意思疎通不足による接触事故である。これに対しては、教育、日々
の周知、注意喚起表示などの方法で、企業がコントロールすることが可能
だ。

　モラルハザードとは、たとえば「無免許運転」「不法就労」である。こ
れに対しては、処罰規定厳格化の方法で対応可能だ。

　現実は、こういったマクロハザードやミクロハザードが複雑にからみ
合って大きな損失につながる。

　たとえば、重機との接触事故を想定しよう。事故が起きるとき、単一の
ハザードだけが原因ということは少ない。経済的ハザードによって重機の
故障修理が遅れており、宗教的・文化的ハザードにより日本人との意思疎

通が不十分で、不注意運転（モラールハザード）をしてしまったというように、いくつものハザードが重なって事故が発生し、大きな損失を招くのだ。

　この場合、もし１つでもハザードを回避できれば、事故が起きなかったかもしれない。つまり、マクロハザードとミクロハザードを事前に把握していれば、リスクは減少し、危機を逃れる可能性は高まるということである。そして、リスクが減少すれば、当然のことながら、損失を招く危険性が減少する。

　このように、損失を減ずるために、ハザードを見極めるセンス、リスクに対する感性が大切なのである。

　特に外国人が工事現場で働く場合、日本人だけの場合と比べて多くのハザードが発生する。たとえば以下のようなものがある。

> ・物理的ハザード……温暖な国から来た外国人の降雪時スリップ
> ・モラール（士気）ハザード……ホームシックによる意欲減退
> ・モラル（道徳的）ハザード……無知による違法行為

　これらの多くはコミュニケーションを促進することで予防することができる。まずはハザードを意識して対応をすることが重要である。

4. 事例から見るリスクの予防と緩和

　リスクに対する姿勢は、外国人と日本人とで違いがある。

　日本はどちらかといえば保守的で、リスクを避けようとする傾向がある。事前準備をしっかりして、情報収集し、もしもその中でリスクが見つかれば、前に進まないという考え方だ。

　一方、外国ではどちらかといえば「攻撃的」で、リスクがあっても行動し、リスクを解決しながら前に進むという考え方だ。事前準備をしっかり

するというよりも、試験的に進めながら意思決定するというものだ。

　外国人と日本人では、このようにリスクに対する考え方に差があるため、お互いに理解しにくいところがあるだろう。だからこそ、互いに情報交換しながら、リスクに対峙する必要がある。

リスクに対する予防措置と緩和措置

　以下に、実際に発生したリスクを挙げ、その予防措置と緩和措置を解説する。予防措置とは、そのリスクが発生しないように行うべきこと、緩和措置とはそのリスクが発生したときにその影響を緩和するため行うべきことである。

（ア）雇用前のリスク

事例1 外国人の本採用拒否

　外国人を採用し、3か月間の試用期間を設けた。しかし、試用期間中の外国人の様子や働きぶりが、当初想定していたものと違った。そこで、試用期間後の本採用を拒否したところ、外国人から反論があり揉めてしまった。

予防措置

　日本では、試用期間後に本採用をしないということは認められている。しかし、これは日本人同士では常識とされていることでも、外国人にとっては違う。そのため、それに対して抵抗をすることもありうるのだ。このことから、試用期間が始まる前に、本採用されないおそれがあること、どのような場合に本採用がなされないのかを、明確に外国人に伝えておく必要がある。それを伝えずして試用期間後の本採用をしなければ、今回のような揉め事に発展することもあるだろう。

緩和措置

　試用期間中に発生した問題点や、どのような理由で本採用に至らなかったのか、具体的に日時や出来事を書面に記載しておくことが必要だ。さら

には、外国人に対してどのような教育や指導をしたのかも記載しておく必要がある。その上で、外国人の仕事の仕方の不備や、能力が不足していることを客観的に伝える必要がある。

事例2 入社前研修への参加拒否

　大卒見込みの外国人に内定を出し、大学卒業後に採用することにした。この外国人に対して内定者研修を受けるよう連絡したところ、都合がつかないので研修を受けることはできないという返事があった。そのため、このままでは正社員となっても、研修受講拒否が起きかねないと判断し、内定取り消しとしたところ、外国人との間で揉め事が発生した。

予防措置

　入社前の期間に、企業から外国人に研修や短期勤務などを要求しても、それに応える義務は法律上ない。これは、外国人はもとより日本人でも同様だ。ただ、日本では入社前研修が慣例となっているため、会社からの指示に従う人が多いという事情がある。

　外国人については、国によってそのような慣例がなければ、揉め事の原因となる。そのため、採用面接時に入社前研修があることを書面で明確に伝える必要がある。

緩和措置

　上記のように、今回の状況で、一方的に内定の取り消しをすることは難しい。その外国人に日本の慣例をよく説明して働いてもらうことが、妥当な選択肢となる。まずは試用期間での採用ということとし、その後の様子をよく観察するとよい。

事例3 派遣会社への違法な依頼

　外国人の受入に際して、派遣会社に依頼をした。その後、派遣会社への外国人の派遣依頼そのものが違法であるとの指摘を受けてしまった。

予防措置

　派遣労働者を、建設業務、港湾運送業務、警備業務、医療関係の業務に就かせることはできない。そのため、派遣にて建設業の現場で外国人を技能者として働かせることは違法行為になる。

　また、実際は労働者派遣に該当するにもかかわらず、請負契約であると説明して外国人を受け入れるよう要求する業者も存在する。しかし、これは書式上請負契約であっても実態として労働者派遣事業であれば、労働者派遣法が適用される。そのため、事前に派遣や偽装業務請負のような形で外国人を紹介していないかどうかを十分に確認し、該当する場合は、その業者からの紹介を断ることが必要である。

緩和措置

　誤って派遣で外国人を受け入れてしまった場合、早急にその契約を解除しなければならない。さらに厚生労働省、出入局管理局等に相談することを推奨する。

事例4　在留カードが偽物であった

　外国人を雇い入れたが、その後在留カードが偽物であることが判明し、大きな問題となってしまった。

予防措置

　雇用前に、外国人が提示した在留カードが、失効していないかどうかを確認する必要がある。法務省出入国在留管理庁「在留カード等番号失効情報照会」のウェブサイト（https://lapse-immi.moj.go.jp/ZEC/appl/e0/ZEC2/pages/FZECST011.aspx）で、(1) 在留カード等番号、(2) 在留カード等有効期間を入力すると、失効しているかどうかを確認することができる。

　また、偽物の在留カードであるかどうかは、同ウェブサイト内「「在留カード」及び「特別永住者証明書」の見方」に詳細の記載があるので確認しておく必要がある。

さらに、外国人に住民票の写しを持参してもらい、在留カードと記載内容が一致することを確認することも必要だ。

緩和措置

在留カードが失効していたり、もしくは偽造カードであることが判明した場合、直ちに出入国在留管理局に届け出る必要がある。

（イ）雇用中のリスク

事例 1 外国人社員がすぐに退職してしまう

外国人社員の退職が後を絶たない。退職をどのようにして防げばよいのだろうか。

予防措置

外国人の場合、自分の実力を発揮できない会社であれば、早い段階で退社して転職することが日本人に比べて多い。そのため、教育体系の構築が欠かせない。

外国人の退職理由には、コミュニケーション不足による人間関係の悪化がある。そのため、定期的に上司が外国人に対して個人面談を実施することが必要だ。外国人が不安に思っていることや私生活での相談ごとなどを、早い段階で聞いてあげることにより退職を防ぐことができる。

一方、面談しても、外国人は自分の考えを正確に日本語で表現することは難しいだろう。そのため、事前にChapter3にて記載したESアンケート（p.62）などを渡し、まずは母国語で書いてもらうようにするのだ。そして翻訳したあと、面談をするといいだろう。

また、日本の会社の中での上下関係の複雑さは、外国人にとって理解できないことが多い。年齢、役職、立場など誰が目上なのか、よくわからないようだ。末尾につける「くん」「さん」「ちゃん」「呼び捨て」などの区別も不可解さを感じる。立場や年齢によらず「さん」づけで呼び、すべて敬語で話すなどの工夫が必要だろう。

コミュニケーションを促進するために、外国人の母国を訪問し、家庭訪

問すると効果的だ。採用時のみならず、毎年1回訪問することで家族の信頼を得ることができ、本人が退社したいと思ったときに、家族がその会社に残ることを勧めてくれたという事例もある。

外国人と接する際の基本は、外国人でも日本人と同じように、いやそれ以上にコミュニケーションを密にし、一緒に働き続けたいという気持ちを伝え続けることだ。それにより早期退職を防ぐことができるだろう。

緩和措置

退職しないよう手を尽くしたとしても、退職をすべて止めることはできない。そこで、外国人から退職を相談された場合どうすればいいのか、なすべきことを説明しよう。

外国人が退職した場合、退職後3か月以内に転職をしないと、就労ビザが取り消される可能性がある。そのため、もしも転職先が決まっていないのであれば、上記のことを外国人に伝え、転職先が決まるまで働き続けるように提案することが望ましい。

外国人の退職意思が固い場合、書面で退職願（氏名・生年月日・退職理由・退職希望日が書かれたもの）を出してもらう。自己都合か会社都合かがわかるように記載する必要がある。また、秘密保持に関する誓約書も交わしておく（→（ウ） 事例1 参照）。これらは日本人と同様である。

退職時に会社が行う手続きの説明をしよう。まず、ハローワークへ「外国人雇用状況に関する届出」をする必要があり、届出を怠ると30万円以下の罰金の対象となる。ただし、雇用保険に加入していた場合、「雇用保険被保険者資格喪失届」を出せば、これは不要である。

次に、外国人本人が行うことは、「契約期間に関する届出」を出入国在留管理庁に対して14日以内に提出することだ。

以下は、日本人の退職者と同じ内容だが、「源泉徴収票」「雇用保険離職票」の交付、「健康保険証」の回収、備品の回収が必要である。

外国人の場合、就労ビザ更新手続きや永住ビザ申請、帰化申請などさまざまな手続きで「源泉徴収票」が必要になる。源泉徴収票を外国人に手渡

し忘れた場合、外国人が労働基準監督署に相談するケースもあるため注意が必要だ。

これら退職の手続きは、就業規則や規定に記載しておくことで、後から問題になることを防ぐことができる。

事例2 仕事中に外国人社員がけがをした

業務中に、外国人が工事現場でけがをしてしまった。その場合、どのように対応すれば良いのだろうか。

予防措置

事故を起こさないようにするため、労働安全衛生法、労働安全衛生規則に沿った措置をすることが必要である。外国人に対しては法律に定められた教育をすることはもちろんだが、言葉のハンデがある分、日本人よりも十分な教育が必要だろう。また、現場においても手順通りの行動をしているかについて日本人以上に注視し、仮に違うことを行っていた場合には、厳しく注意をする。このようにして、労働災害を防ぐことが必要だ。

さらに、日本の工事現場においてけがをしたことを想定し、日本在住の連絡が取れる人に身元保証人になってもらうことも必要である。これは、けがをして手術が必要となった場合、手術同意書にサインをしてもらうためである。

緩和措置

万が一、工事現場で労災事故が起きてしまったらどうすればいいのか。

就労ビザで働く外国人社員が、仕事中事故に遭い緊急手術が必要になった場合、日本在住の親族がいれば、連絡を取り手術同意書にサインをもらう。日本に親族がいない場合で、就職時に身元保証人を立てているのであれば、その身元保証人に連絡をする。もし日本在住の親族も身元保証人もいない場合は、顧問弁護士に状況を伝えてその判断を仰ぐことになる。

外国人社員の母国の親族を、至急日本に呼ばなければならない場合もあるだろう。ビザ免除国であれば航空券さえあればすぐに来日することがで

きるが、ビザ免除国でない場合、ビザ申請を行う必要がある。しかし、ビザ申請は早くても通常1週間程度かかる。母国の親族を至急日本に呼ぶ必要がある場合には、すぐ現地の日本大使館に相談するといいだろう。正当な理由があれば、即日遅くとも翌日にはビザが発行される。診断書や上申書などが必要となる場合があるため、準備しておくようにしよう。

事例3 職場以外での事故

　外国人社員から、職場以外の場所で事故に遭ったので治療費が欲しいとの申告があった。どのように対応すれば良いのだろうか。

予防措置

　業務中や通勤時の災害であれば労災保険が適用となる。通勤とは住居と職場や現場との往復をいう。ただし、住居と職場や現場との間で業務上の理由（たとえば、資材を購入する、お客様や協力会社の事務所に寄る）などにより立ち寄った場所がある場合、それも通勤に含まれる。そのため、これらの理由があれば、通勤災害として認められるのである。このいずれにも該当しない事故の場合は、労働災害として認められないため、このような法律を外国人に事前にしっかりと教育しておく必要がある。

　また、仕事に関係する移動中の事故であれば、会社もしくは国が治療費の補助や休業補償をすることができる。一方、仕事に関係すること以外の場合、治療費の補助や休業補償ができないことは、あらかじめ伝えておく必要がある。

緩和措置

　仕事以外でけがをしたり、病気になっても、労災保険を適用することができないため、健康保険で治療することとなる。その場合、治療費の一部は外国人の負担となることをしっかりと外国人に理解してもらう必要がある。

　ちなみに、労災保険の対象となる場合には、日本の企業が手続き等の援助を行うよう外国人管理指針に定められている。

事例 4 ハラスメント問題

外国人の女性社員から、同じ会社の男性社員にセクハラを受けたと相談があった。会社としてどのような対応をすればいいのだろうか。

予防措置

まずは、外国人、日本人ともにどのような行為がセクハラ、パワハラ、モラハラになるかを教育する必要がある。

とりわけ、外国人と日本人との文化や慣習の違いにより、その感じ方には大きな差がある。採用する外国人の考え方を十分に把握し、外国人そして日本人双方に、セクハラやパワハラについての注意事項を繰り返し教育することが必要だろう。また、それぞれの相談窓口を設置し、大きな問題になる前に相談できるような仕組みをつくることも大切である。

緩和措置

万が一、セクハラやパワハラなどの被害の申し立てがあった場合、「職場におけるパワーハラスメントに関して雇用管理上講ずべき措置等に関する指針」（厚生労働省）によると、企業側が行うべきことは以下の3つである。

①事案に関わる事実関係を迅速かつ正確に確認すること

②事実が確認できた場合、速やかに被害者に対する配慮のための措置を適正に行うこと

③事実が確認できた場合、行為者に対する措置を適正に行うこと

企業は、この3つを迅速にかつ的確に行う必要がある。特に外国人の場合、聞き取りについて言葉の壁があるため、十分に配慮しながら事実関係を聞き取る必要があるだろう。また、被害者と加害者を同席させての話し合いでは、被害者が威圧されるなどして十分な発言ができないことも多いため、十分に注意する必要がある。

事例 5 失踪した外国人の社宅

雇用していた外国人と連絡がつかなくなった。この外国人には、会社名

義の借上げ社宅を使用させていたが、社宅には外国人の私物が残っていた。このような場合、会社側の判断で私物を処分してよいのだろうか。

予防措置

社宅が会社保有のものであっても、従業員の居住期間中に、部屋に許可なく立ち入ったり、私物を処分することはできない。

そのため、借上げ社宅の使用にあたっては、社宅使用のルールを明確にしておく必要がある。そのルールの中に、長期不在時には、社宅の明け渡しを求める条項を設けるとよい。そのことを当該外国人にしっかりと伝えることが必要だ。さらに入居時には保証人を設定することが望ましい。

緩和措置

入居時に設定した保証人の立ち会いのもと、私物の処分をするのがよい。ただしその場合でも室内の様子や私物の内容を記録しておくと、その後にトラブルがあった場合にも対処しやすくなる。

事例6 残業代の支払い請求

外国人を多数雇用しており、そのうちの1名には、経験が豊富であることから数人の部下を管理するリーダーとなってもらった。A建設ではリーダーは管理職ということにしているため、残業代は支払わず、その代わりに定額の手当を支払っていた。ところがその後、そのリーダーから残業代が支払われていないのはおかしいと、残業代の支払いを求められた。

予防措置

外国人にリーダーとして役割を与え、そのことを理由に、残業代の代わりに手当てとして定額で支払うのはよくない。ただし、労働基準法第41条で定められた「管理監督者」であれば、労働時間、休憩、休日の規定が適用除外となるため、残業手当や休日出勤手当を支払う必要がなくなる。リーダーが「管理監督者」としてふさわしい仕事をしているかどうかで、残業代支払いの有無を決める必要がある。

「管理監督者」とは、厚生労働省は以下のように定めている。

▶労働時間、休憩、休日等に関する規制の枠を超えて活動せざるをえない重要な職務内容、責任と権限を有していること。

▶現実の勤務態様も、労働時間等の規制になじまないようなものであること。

▶賃金等について、その地位にふさわしい待遇がなされていること。

「リーダー」「課長」などといった肩書きがあっても、上記の条件を満たさない限り、管理監督者とはいえない。

外国人がこの内容を十分に理解できていない場合、このような紛争になることがある。

緩和措置

このような場合は、一般の社員と同じ勤務体系に戻し、いま一度リーダー（管理監督者）としての職務や地位を設定し、理解してもらった上で、給与体系の見直しをすることが必要である。

事例7 給与制度の見直しにともなう賃金の減額

給与制度の見直しを行い、その結果、雇用している社員の賃金を減額することになった。

すると外国人社員から減額に同意をした覚えはないと主張され、揉め事になってしまった。

予防措置

外国人は日本語書面の理解度が低くなりがちであるため、母国語で書いた給与制度に関する書面を用意し、検討する時間を十分に与える等の配慮をする必要がある。賃金減額、休日数減少など労働者の不利益になる場合には、特に注意が必要だ。

緩和措置

外国人に母国語の資料をもとに十分な説明を行い、母国語の同意書を作成し、再度理解を得ることが必要である。

（ウ）雇用終了に関するリスク

事例1 元従業員による情報漏えい

外国人の元社員が自社や協力会社の情報を用いて、転職先にて業務をしていることがわかった。

予防措置

外国人に情報の漏えいが違法であることを周知した上で、入社時、および退社時に「秘密保持契約書」を締結する必要がある。

さらに情報が漏えいしないように、当該外国人に対する情報へのアクセス制限等、情報漏えい対策を実施することも考慮する必要がある。

緩和措置

情報が漏えいした場合には、営業情報であれば「不正競争防止法」、個人情報であれば「個人情報保護法」に基づいて対応することが必要だ。

事例2 仕事ぶり、素行に問題がある

外国人技能実習生の仕事ぶりや素行などを踏まえ、辞めさせたいと思った。そのため、退社手続きをしようとしたら、外国人から抵抗を受けた。

予防措置

技能実習生の仕事ぶりや素行に問題を感じたときには、早期にその技能実習生と協議をする必要がある。そして、仕事ぶり、素行など外に見える部分だけではなく、人間関係や、個人的な事情をよく聞き取り、会社や日本人側に原因がある場合には、すぐに対処すべきである。

緩和措置

技能実習生の仕事ぶりや素行に問題があり、どうしても辞めてもらいたい状況になった場合には、まずは監理団体に通知する。そして、監理団体とともに技能実習生に対して、技能実習を継続する意思を確認する。技能実習を継続する意思があれば、次の技能実習先を探す手助けを会社側が行うことが望ましい（p.64）。もしも、技能実習を継続する意思がなければ、帰国の手続きを進めることになる。

事例3 工事プロジェクトが完了した後の雇い止め

　ある工事案件のため、有期労働契約にて外国人を採用した。当初の工事工程が延長したため、有期労働契約を延長して締結した。その後、無事工事が終了したため外国人に契約終了を伝えたところ、不当な契約だと言われて揉めてしまった。

予防措置

　有期労働契約の場合、契約期間が終了した時点で、雇用期間は終了する。

　一方、有期雇用であっても次の場合には、契約を更新しなければならない（日本人でも同様）。

▶ 工事案件終了後、継続雇用の予定がないことを企業が説明していなかった場合

▶ 過去に有期契約が更新されている場合

▶ 他の有期契約社員は契約を更新している場合

　そのため、工事終了後（契約期間満了後）に雇用関係の継続はないことを事前に十分に説明しておく必要がある。

緩和措置

　外国人が有期雇用といえども、上記の3点のいずれかに該当する場合、契約を延長しなければならない可能性がある。その場合には、有期の契約を一旦継続することになるが、その際、今後の契約継続がないことを明言して有期契約を結ぶことが求められる。

紛争になった場合の対処方法

不法就労助長罪

◉不法就労とは

　不法就労助長罪とは不法就労を手助けした場合の犯罪である。

　不法就労とは、次のような場合がある。

・密入国している

- 在留期限が切れている
- 退去強制されることがすでに決まっている人が働いている
- 短期滞在目的で入国した人が働いている（観光ビザ等）
- 留学生が許可なく働いている
- 難民認定申請中の人が許可なく働いている
- 在留許可で定めた職種以外の仕事をしている（建設業の現場で働くために定められた職種以外の仕事をしている）

◉不法就労者と知らずに雇用しても犯罪になる

　雇用した外国人が不法就労者であることを知らなかった場合でも、在留カードを確認せずに雇用した場合は、不法就労助長罪となる。

◉不法就労の外国人を雇わないために

　日本で働くことができる外国人の条件や、不法就労者を雇わないための注意点について解説する。

　日本で働くことができるのは、在留カードを持っている外国人だ。外国人を雇う前に確認しなければならないポイントは次の通りである。

ポイント１ 在留カードの確認

　在留カード（**図5-3**）については、以下を確認する必要がある。

- 在留カードが偽装されていないか
- 在留カードの有効期限が切れていないか

（ア） 事例４ に示したように、出入国在留管理庁のウェブサイトでは、在留カードの番号により、有効性を確認するためのシステムを提供しているので利用するとよいだろう。

在留カードに記載の「在留資格」に基づく就労活動のみができることになっている（在留資格についての詳細は**付録2**参照）。

> ・在留資格「技能実習」：技能実習ができる。
> ・在留資格「技能」：工事現場で建築や土木に関する技能の仕事ができる。
> ・在留資格「技術・人文知識・国際業務」：建設工事に関する施工管理、
> 　設計等、技術業務の職務に就くことができる。

その上で、「在留資格」に基づく就労活動と、その企業にて雇用後に予定している業務が一致していることを確認しなければならない。

ポイント3 「就労制限の有無」の確認

在留カードの「就労制限の有無」と書かれた欄を確認する。

・「就労不可」

この場合は、働くことができない。一方、裏面の下にある「資格外活動許可欄」に「許可」と書かれている場合は、ある条件下で就労できる。たとえば、留学生は「資格外活動許可」があれば、週28時間以内の就労をすることができる。

・「指定書記載機関での在留資格に基づく就労活動のみ可」

在留資格「技能実習」が該当する。

・「指定書により指定された就労活動のみ可」

在留資格「特定活動」が該当し、主としてインターンシップである。

・「就労制限なし」

永住者、日本人の配偶者等、永住者の配偶者等、定住者が該当し、日本

人と同じように就労することができる。

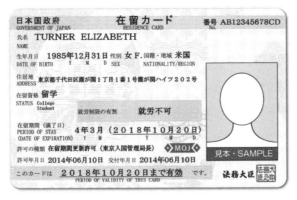

図 5-3　在留カードの例
出典：出入国在留管理庁ウェブサイト「在留カードとは？」
(http://www.immi-moj.go.jp/tetuduki/zairyukanri/whatzairyu.html)

紛争解決の3つの手法

　外国人従業員と揉め事にならないように配慮しながら、スムーズに働けるように努力していたとしても紛争が発生してしまうことがある。ここでは、解雇、賃金未払い・支払い遅延、配置転換等労働条件の不利益変更、いじめ、いやがらせ等の職場環境、物損などの損害賠償などに関する紛争が発生した場合、どのような解決方法があるかについて解説する。

1. あっせん

【内容】紛争調整委員会から指名された弁護士等の第三者が当事者の間に入り、双方の主張を聞き、話し合うことで紛争の解決を図る。

【特徴】手続きが迅速・簡便で、あっせんを受けることは無料である。和解成立の場合は、解決額に応じて算出される成立手数料が発生するが、和解不成立の場合には、手数料も発生しない。手続き内容が非公開のため会社のプライバシーが守られる。

2. 労働審判

【内容】労働審判官（裁判官）と労働審判員2名によって構成される労働審判委員会が行う。調停による解決を目指すが、妥協点を見出せない場合、労働審判委員会が解決方針を示す。

【特徴】原則として3回以内に審理を終結するため、短期的に解決させることができる。調停内容は非公開だが、労働審判内容は公開されることもある。

3. 民事訴訟

【内容】民事訴訟には、通常訴訟と少額訴訟がある。通常訴訟は最も厳格な手続きで、当事者が相互に主張する権利が十分に保障されている。

　一方、少額訴訟は、請求額が60万円以下の訴訟で、1回で結審し、その場で判決が言い渡される。

【特徴】通常訴訟は、厳格な手順が踏まれるため、裁判が終わるまでに相当な費用と期間を要する。

　これに対して少額訴訟は、費用があまりかからず迅速ではあるが、反訴や控訴はできない。

　あっせん、労働審判、民事訴訟の内容と特徴について解説した。しかし、外国人従業員が、これらの第三者に判断を委ねようとする前に、本人との協議はもとより、労働局や労働基準監督署への早めの相談が効果的である。

　　　　*　　　　　*　　　　　*

　外国人を雇用する場合、日本人の場合以上に、リスクがあることをあらかじめ想定しておく必要がある。そして何よりもリスクが発生しないように、考えうる予防措置をしっかり行っておくことが重要だ。また、万が一リスクが発生した場合でも、迅速に対応し事業に悪影響を及ぼさないよう、緩和措置を事前に考えておく必要がある。

　少なくとも本書で記載したリスクについては、予防、緩和措置を実施しておこう。

付録

①会社にて　*Kaisha nite*

🏴 Company
英語

🏴 在公司
中国語

⭐ Trong công ty
ベトナム語

🏴 Di kantor
インドネシア語

🏴 Компани дээр
モンゴル語

⭐ ကုမ္ပဏီတွင်
ミャンマー語

🏴 ที่บริษัท
タイ語

おはようございます。　*Ohayo gozaimasu.*

Good morning. ／ 早上好。 ／ Chào buổi sáng ／ Selamat pagi. ／
Өглөөний мэнд. ／ မင်္ဂလာနံနက်ခင်းပါ။ ／ อรุณสวัสดิ์

こんにちは。　*Konnichiwa*

Good afternoon. ／ 您好。 ／ Chào buổi chiều ／ Selamat siang. ／
Өдрийн мэнд. ／ မင်္ဂလာနေ့လည်ခင်းပါ။ ／ สวัสดีตอนบ่าย

さようなら。　*Sayonara.*

Good-bye. ／ 再见。 ／ Tạm biệt ／ Sampai jumpa lagi. ／ Баяртай. ／
နှုတ်ဆက်ပါတယ်။ ／ ลาก่อน

私 (の名前) は＿＿と申します。　*Watashi (no namae) wa＿＿to moshimasu.*

My name is ＿＿. ／ 我叫＿＿。 ／ Tôi tên là ＿＿ ／ Nama saya ＿＿. ／
Миний нэрийг＿＿гэдэг. ／ ကျွန်ုပ်၏အမည်က ＿＿လို့ ခေါ်ပါတယ်။ ／
ฉันชื่อ＿＿

私は＿＿出身です。　*Watashi wa＿＿shusshin desu.*

I'm from ＿＿. ／ 我来自＿＿。 ／ Tôi đến từ ＿＿ ／
Saya datang dari ＿＿. ／ Би ＿＿ аас/оос/ээс/өөс ирсэн. ／
ကျွန်ုပ်က ＿＿ ကနေ လာတာပါ။ ／ ฉันมาจาก ＿＿

ありがとうございます。 *Arigato gozaimasu.*

Thank you. / 谢谢。 / Xin cám ơn / Terima kasih. / Баярлалаа. / ကျေးဇူးတင်ပါတယ်။ / ขอบคุณ

どういたしまして。 *Doitashimashite.*

You are welcome. / 不客气。 / Không có chi / Sama-sama. / Зүгээр зүгээр. / ရပါတယ်။ / ไม่เป็นไร

ごめんなさい。 *Gomennasai.*

I'm sorry. / 对不起。 / Xin lỗi / Maaf. / Уучлаарай. / တောင်းပန်ပါတယ်။ / ขอโทษ

明日は何時に会社に来たらいいですか？
Asita wa nanji ni kaisha ni kitara iidesuka?

What time should I come to the company (work) tomorrow? /
请问明天我该几点来公司？ /
Ngày mai, tôi sẽ phải đến công ty lúc mấy giờ thì được? /
Jam berapa sebaiknya saya datang di kantor besok? /
Маргааш хэдэн цагт ажилдаа ирэх ёстой вэ? /
မနက်ဖြန် ဘယ်အချိန် ကုမ္ပဏီကိုုု လာရမလဲ။ / พรุ่งนี้ควรต้องมาบริษัทตอนกี่โมง

____時に来てください。 ____ *jini kitekudasai.*

Please come at ____. / 请在____点来。 / Vui lòng đến lúc ____ giờ /
Silakan datang pada jam ____. / ____цагт ирээрэй. /
____နာရီမှာ လာပါ။ / กรุณามาเวลา____น.

給料の支払いはいつですか？ *Kyuuryou no shiharai wa itsudesuka?*

When is salary paid? / 请问什么时候发工资？ / Lương sẽ được trả vào ngày nào?／Kapan saya akan menerima gaji saya? /
Цалин хэзээ буудаг вэ? / လစာပေးတာက ဘယ်အချိန်လဲ။ /
จะมีการจ่ายเงินเดือนเมื่อไร

毎月＿＿日です。 *Maitsuki ＿＿nichi desu.*

Salary is paid on ＿＿of each month. ／ 每个月 ＿＿号。 ／ Vào ngày ＿＿
hàng tháng. ／ Setiap bulan tanggal ＿＿. ／ Сар бүрийн ＿＿-ны өдөр. ／
လစဉ် ＿＿ ရက်နေ့မှာ ပေးပါတယ်။ ／ ทุกวันที่＿＿ ของเดือนนี้

どのような服装で出社すればいいですか？
Donoyouna fukusoude shussha sureba iidesuka?

What type of clothes should I wear to work? ／ 请问上班要穿什么衣服？ ／
Trang phục nào tôi có thể mặc để đến công ty? ／
Sebaiknya saya masuk kerja dengan pakaian yang seperti apa? ／ Ажилдаа ямар
хувцастай ирвэл зүгээр вэ？ ／ ကုမ္ပဏီကို ဘယ်လိုအဝတ်အစားနဲ့ လာရမလဲ။ ／
ต้องสวมใส่เสื้อผ้าแบบใดในการมาทำงานที่บริษัท

作業着で来てください。 *Sagyogide kitekudasai.*

Please wear work clothes. ／ 请穿工作服上班。 ／ Hãy mặc đồng phục lao
động (trang phục mặc khi thao tác) ／
Silakan datang dengan baju kerja. ／ Ажлын хувцастай ирээрэй. ／
အလုပ်ဝတ်စုံနဲ့လာပါ။ ／ กรุณาสวมชุดปฏิบัติงาน

今月の休日はいつですか？ *Kongetsu no kyujitsu wa itsudesuka?*

When are this month's holidays? ／ 请问这个月哪天放假？ ／ Tháng này tôi
sẽ được nghỉ vào ngày mấy? ／ Tanggal berapa saja hari libur untuk bulan ini? ／
Энэ сарын амралтын өдөр хэзээ вэ？ ／ ဒီလ နားရက်က ဘယ်အချိန်လဲ။ ／
วันหยุดของเดือนนี้คือเมื่อไร

＿＿日と＿＿日と＿＿日です。
＿＿nichi to ＿＿nichi to ＿＿nichi desu.

Holidays on this month are on＿＿, ＿＿, and ＿＿ ／
＿＿号、＿＿号和＿＿号。 ／
Ngày nghỉ của tháng này sẽ là ＿＿, ＿＿, ＿＿ ／
Tanggal ＿＿, tanggal ＿＿, dan tanggal＿＿. ／ ＿＿, ＿＿ ба＿＿-ны өдөр. ／
＿＿နေ့၊ ＿＿ နေ့ နဲ့ ＿＿ နေ့ပါ။ ／ วันที่＿＿ วันที่＿＿ และวันที่＿＿

私の宿舎はどこですか？ *Watashi no shukusha wa dokodesuka?*

Where is my lodging? ／ 请问我的宿舍在哪里？ ／ Nơi nghỉ ngơi (chỗ nghỉ tạm) của tôi sẽ ở đâu ／ Di mana pondokan saya? ／ Миний байрлах газар хаана вэ? ／ ကျွန်တော်နေရမယ့်အိပ်ဆောင်က ဘယ်မှာလဲ။ ／ ที่พักของฉันอยู่ที่ไหน

あなたの今日の宿舎は＿＿＿です。 *Anata no kyou no shukusha wa ____desu.*

Your lodging tonight is at ____. ／ 你今天的宿舍是____。 ／ Tối nay chỗ nghỉ ngơi của bạn sẽ ở (tên địa điểm) ／ Pondokan Anda hari ini adalah ____. ／ Таны өнөөдрийн байрлах газар ____. ／ ဒီနေ့ သင်နေရမယ့် အိပ်ဆောင်က ____ ပါ။ ／ ที่พักของคุณในวันนี้คือที่____

朝食、夕食はどこで食べればいいですか？
Choshoku, yushoku wa dokode tabereba iidesuka?

Where should I eat breakfast and dinner? ／ 请问早餐和晚餐该到哪里吃？ ／ Tôi sẽ ăn sáng và ăn tối ở đâu? ／ Di mana saya sebaiknya makan pagi dan makan malam? ／ Өглөө ба оройн хоол хаана идэх вэ? ／ မနက်စာ၊ ညနေစာက ဘယ်မှာစားရမလဲ။ ／ ทานอาหารเช้าและอาหารเย็นได้ที่ไหน

＿＿＿で食べてください。 *___de tabete kudasai.*

Please eat at ____. ／ 请到____用餐。 ／ Hãy ăn ở (tên địa điểm) ／ Silakan makan di ____. ／ ____-д идээрэй. ／ ____ မှာ စားပါ။ ／ กรุณาทานที่____

日本の食事が合わないのでおなかが空いています。
Nihon no shokuji ga awanainode, onaka ga suiteimasu.

I cannot eat Japanese food, so I am hungry. ／ 我吃不惯日本的饭菜，现在肚子很饿。 ／ Tôi không quen với thức ăn của Nhật, nên tôi cảm thấy đói ／ Saya merasa lapar karena saya tidak cocok dengan masakan Jepang. ／ Япон хоол таарахгүй болохоор гэдэс өлсөөд байна. ／ ဂျပန်အစားအစာကို မကြိုက်လို့ ဗိုက်ဆာနေတယ်။ ／ อาหารญี่ปุ่นไม่ค่อยถูกปาก ทำให้ตอนนี้รู้สึกหิว

____はどこで食べられますか？　____wa dokode taberare masuka?

Where can I eat ____?　／　请问哪里能吃得到____?　／　Tôi có thể ăn món ăn
____ ở đâu?　／　Di mana saya bisa makan ____?　／____ хаана идэж болох вэ?　／
____ ကို ဘယ်မှာစားလို့ရလဲ။　／　ทาน____ได้ที่ไหนบ้าง

（地図を指さして）ここに行けば食べられます。
(Chizu wo yubisashite) Koko ni ikeba taberaremasu.

(Pointing at map) You can eat ____ food here.　／（指着地图）可以到这里吃。　／
(chỉ vào địa điểm trên bản đồ) Hãy đến chỗ đây này　／
(Menunjuk peta) Silakan pergi ke sini.　／（газрын зураг зааж）Энд очоорой.　／
(မြေပုံပေါ်တွင် လက်ညှိုးထောက်၍) ဒီကို သွားပါ။　／　กรุณาไปที่นี่ (ชี้ที่แผนที่)

病院に行きたいです。　Byoin ni ikitaidesu.

I want to go to the hospital.　／　我想去看医生。　／　Tôi muốn đi bệnh viện　／
Saya ingin pergi ke rumah sakit.　／　Эмнэлэгт очмоор байна.　／
ဆေးရုံကို သွားချင်ပါတယ်။　／　อยากไปโรงพยาบาล

（地図を指さして）病院なら、ここに行ってください。
(Chizu wo yubisashite) Byoin nara kokoni ittekudasai.

(Pointing at map) Please go here.　／（指着地图）医院在这里。　／（chỉ vào
địa điểm trên bản đồ) Hãy đến chỗ đây này　／（Menunjuk peta) Silakan pergi ke
sini.　／（газрын зураг зааж）Энд очоорой.　／
(မြေပုံပေါ်တွင် လက်ညှိုးထောက်၍) ဒီကို သွားပါ။　／　กรุณาไปที่นี่ (ชี้ที่แผนที่)

買い物に行きたいです。　Kaimono ni ikitaidesu.

I want to go shopping.　／　我想去买东西。　／　Tôi muốn đi mua sắm?　／
Saya ingin pergi berbelanja.　／　Дэлгүүр явмаар байна.　／
ဈေးဝယ်ထွက်ချင်လို့ပါ။　／　อยากไปซื้อของ

（地図を指さして）買い物は、ここに行ってください。
(Chizu wo yubisashite) Kaimono wa kokoni ittekudasai.

(Pointing at map) Please go here to shop. ／（指着地图）商店在这里。／
(chỉ vào địa điểm trên bản đồ) Hãy đến chỗ đây này ／
(Menunjuk peta) Silakan pergi ke sini. ／（газрын зураг зааж）Энд очоорой. ／
(မြေပုံပေါ်တွင် လက်ညှိုးထောက်၍) ဒီကို သွားပါ။ ／ กรุณาไปที่นี่ (ชี้ที่แผนที่)

寂しいです。 *Sabishiidesu.*

I'm lonely. ／ 我好孤独啊。 ／ Tôi cảm thấy buồn ／ Saya kesepian. ／
Уйдаж байна. ／ အထီးကျန်တယ်။ ／ ฉันรู้สึกเหงา

働くのが楽しい（つらい）です。 *Hatarakunoga tanosii (tsurai) desu.*

Working is fun (difficult). ／ 工作很快乐（辛苦）。 ／
Làm việc thì vui (nhàm chán) ／ Bekerja itu menyenangkan (berat). ／
Ажиллахад сайхан (хэцүү) байна. ／
အလုပ်လုပ်ရတာ ပျော်တယ် (ပျင်းတယ်)။ ／ การทำงานสนุก (รู้สึกแย่)

洗濯はどうすればいいですか？ *Sentaku wa dosureba iidesuka?*

Where can I do my laundry? ／ 请问哪里可以洗衣服？ ／ Tôi có thể giặt
quần áo ở đâu? ／ Bagaimana cara saya mencuci baju? ／ Хувцсаа хаана угаах
вэ？ ／ အဝတ်လျှော်တာကို ဘယ်မှာလုပ်ရမလဲ။ ／ หากจะซักผ้าต้องทำอย่างไร

（地図を指さして）ここにコインランドリーがあります。
(Chizu wo yubisashite) Kokoni koinrandorii ga arimasu.

(Pointing at map) There is a coin laundry here. ／（指着地图）这里有投币式自
助洗衣机。 ／ (chỉ vào bản đồ) Chỗ này sẽ có máy giặt sử dụng tiền cắt ／
(Menunjuk peta) Di sini ada binatu otomatis. ／（газрын зураг зааж）Энд
төлбөртэй угаалгын газар байдаг. ／（မြေပုံပေါ်တွင် လက်ညှိုးထောက်၍) ဒီမှာ
အကြွေ.စေအဝတ်လျှော်စက်ရှိတယ်။ ／ ที่นี่มีเครื่องซักผ้าหยอดเหรียญอยู่ (ชี้ที่แผนที่)

自炊をしたいのですけど、どうすればいいですか？

Jisui wo sitaino desukedo, dousureba iidesuka?

I want to do my own cooking. What should I do? ／ 我想自己做饭该怎么办？ ／
Tôi muốn tự mình nấu ăn, tôi phải làm như thế nào đây? ／
Saya ingin memasak sendiri, apa yang sebaiknya saya lakukan? ／
Хоолоо өөрөө хиймээр байна, яавал дээр вэ? ／
ကိုယ်တိုင်ချက်ပြုတ်ချင်တာ ဘယ်လိုလုပ်ရမလဲ။ ／
หากอยากทำอาหารเองต้องทำอย่างไร

隣の部屋がうるさくて眠れません。

Tonari no heya ga urusakute nemuremasen.

I can't sleep because the person in the room next door is noisy. ／ 旁边的房间太吵
了，我睡不着。 ／ Phòng bên cạnh ồn quá, tôi không thể nào ngủ được ／
Kamar sebelah berisik, jadi saya tidak bisa tidur. ／ Хажуугийн өрөө шуугиад
унтаж чадахгүй байна. ／ ဘေးအခန်းက ဆူညံနေလို့ အိပ်လို့မရဘူး။ ／
นอนไม่ได้เพราะห้องข้างๆ เสียงดัง

②工事現場にて *Kōji genba nite*

At the construction site
英語

在施工现场
中国語

Tại công trường
ベトナム語

Di lokasi konstruksi
インドネシア語

Барилгын ажлын талбай
モンゴル語

ဆောက်လုပ်ရေးလုပ်ငန်းခွင်တွင်
ミャンマー語

ที่พื้นที่หน้างานก่อสร้าง
タイ語

お尋ねしてもいいですか。　*Otazune shitemo iidesuka.*

Can I ask you a question? ／ 我想问一下。／ Tôi có thể hỏi anh/chị câu hỏi
này không? ／ Boleh saya bertanya? ／ Танаас асуух зүйл байна. ／
တစ်ခုလောက်မေးချင်လို့ရပါသလား။ ／ ฉันมีเรื่องอยากถาม

私は今日何をすればいいですか? *Watashi wa kyou nani wo sureba iidesuka?*

What should I do today? ／ 请问我今天该做些什么? ／ Công việc của tôi
hôm nay là gì? ／Apa yang seharusnya saya kerjakan hari ini? ／ Өнөөдөр би юу
хийх вэ? ／ ကျွန်တော် ဒီနေ့ ဘာလုပ်ရမလဲ။ ／ วันนี้ฉันต้องทำอะไรบ้าง

＿＿＿の作業をしてください。 ＿＿＿*no sagyo wo sitekudasai.*

Please do ＿＿＿work. ／ 请处理一下＿＿＿。／ Hãy làm việc (tên công việc)
này đi ／ Tolong kerjakan pekerjaan ＿＿＿. ／ ＿＿＿ ажлыг хийгээрэй. ／
＿＿＿ အလုပ်ကို လုပ်ပါ။ ／ กรุณาทำงาน ＿＿＿

もう一度言っていただけますか。　*Moichido itte itadakemasuka.*

Please say it again. ／请再说一遍。／ Vui lòng hãy nói lại một lần nữa ạ ／
Tolong katakan sekali lagi. ／ Дахин хэлээд өгөөч. ／
နောက်ထပ်တစ်ကြိမ်လောက်ပြန်ပြောပေးပါ။ ／ กรุณาพูดอีกครั้ง

この作業で何に気をつければいいですか?
Kono sagyo de nani ni kiwotsukereba iidesuka?

What should I be careful with in this work? ／请问这项工作要注意哪些地方? ／
Với công việc này thì tôi nên cận thận(chú ý) ở điểm nào? ／

Hal-hal apa saja yang harus diperhatikan dalam pekerjaan ini? ／
Энэ ажлыг хийхэд юунд анхаарах ёстой вэ? ／
ဒီအလုပ်မှာ ဘာကို ဂရုပြုရမလဲ။ ／ งานนี้ต้องระวังอะไรบ้าง

＿＿はどこにありますか？ ＿＿＿*wa doko ni arimasuka?*

Where is / are＿＿＿? ／ ＿＿＿在哪儿？ ／ ＿＿＿ở đâu? ／ Di mana ＿＿＿? ／
＿＿＿ хаана байна? ／＿＿＿ကဘယ်မှာပါလဲ။ ／ ＿＿＿อยู่ที่ไหน

＿＿の資材、機材はどこにありますか？
＿＿＿*no sizai, kizai wa doko ni arimasuka?*

Where are the materials or equipment for ＿＿＿? ／
请问＿＿＿用的材料和器材在哪里？ ／ (Tên) vật liệu, máy móc (thiết bị) này
để ở đâu? ／ Di mana lokasi bahan-bahan dan peralatan untuk ＿＿＿? ／
＿＿＿ материал, багаж төхөөрөмж хаана байна вэ? ／
＿＿＿ ရဲ့ ပစ္စည်း၊ ကိရိယာက ဘယ်မှာရှိပါသလဲ။ ／ วัสดุ, อุปกรณ์ของ＿＿＿อยู่ที่ไหน

（地図を指さして）ここです。 *(Chizu wo yubisashite) Kokodesu.*

(Pointing to map) They are here. ／（指着地图）在这里。／ (chỉ vào bản đồ)
chỗ đây này ／(Menunjuk peta) Di sini. ／ (газрын зураг зааж) Энд байгаа. ／
(မြေပုံပေါ်တွင် လက်ညှိုးထောက်၍) ဒီမှာပါ။ ／ อยู่ที่นี่ (ชี้ที่แผนที่)

＿＿の資材、機材はどこに置けばいいですか？
＿＿＿*no sizai, kizai wa doko ni okeba iidesuka?*

Where should I put the materials or equipment for ＿＿＿? ／ 请问＿＿＿用的材料
和器材要放到哪里？ ／ (Tên) vật liệu, máy móc (thiết bị) này đặt ở đâu thì
được? ／ Di mana sebaiknya saya meletakkan bahan-bahan dan peralatan ＿＿＿? ／
＿＿＿ материал, багаж төхөөрөмжийг хаана тавих вэ? ／
＿＿＿ ရဲ့ ပစ္စည်း၊ ကိရိယာကို ဘယ်မှာထားရမလဲ။ ／
ควรวางวัสดุ, อุปกรณ์ของ＿＿＿ไว้ที่ไหน

（地図を指さして）ここに置いてください。

(Chizu wo yubisashite)Koko ni oitekudasai.

(Pointing to map) Please put them here. ／（指着地图）请放到这里。／
(chỉ vào bản đồ) hãy đặt chúng ở chỗ này ／ (Menunjuk peta) Tolong letakkan
di sini. ／ (газрын зураг зааж) Энд тавиарай. ／
(မြေပုံပေါ်တွင် လက်ညှိုးထောက်၍) ဒီမှာထားပါ။ ／ กรุณาวางไว้ที่นี่ (ชี้ที่แผนที่)

この現場のトイレや休憩所はどこですか？

Kono genba no toire ya kyukeijo wa doko desuka?

Where are the toilet and break room for this site? ／ 请问施工现场有厕所或休息
室吗？ ／ Ở công trường này thì nhà vệ sinh và chỗ nghỉ ngơi ở chỗ nào? ／
Di mana kamar kecil dan tempat istirahat di lokasi ini? ／ Энэ ажлын талбайн
бие засах газар ба амрах өрөө нь хаана вэ? ／ ဒီအလုပ်ခွင်ရဲ့ အိမ်သာနဲ့
နားနေခန်းက ဘယ်မှာပါလဲ။ ／ ห้องน้ำและจุดพักผ่อนของพื้นที่หน้างานนี้อยู่ที่ไหน

（地図を指さして）ここに行ってください。

(Chizu wo yubisashite) Koko ni ittekudasai.

(Pointing to map) Please go here. ／（指着地图）在这里。／ (chỉ vào bản
đồ) hãy đi đến chỗ này ／ (Menunjuk peta) Silakan pergi ke sini. ／ (газрын
зураг зааж) Энд очоорой. ／ (မြေပုံပေါ်တွင် လက်ညှိုးထောက်၍) ဒီကို သွားပါ။ ／
กรุณาไปที่นี่ (ชี้ที่แผนที่)

昼食はどこで買えばいいですか？　 *Chushoku wa dokode kaeba iidesuka?*

Where can I buy lunch? ／ 请问午饭要到哪里买？ ／ Tôi có thể mua bữa
trưa ở đâu? ／ Di mana saya dapat membeli makan siang? ／ Өдрийн хоол
хаанаас авах вэ? ／ နေ့လည်စာကို ဘယ်မှာဝယ်စားရမလဲ။ ／
ซื้ออาหารกลางวันได้ที่ไหน

（地図を指さして）昼食は、ここに行ってください。

(Chizu wo yubisashite) Chushoku wa koko ni ittekudasai.

(Pointing to map) You can buy lunch here. ／（指着地图）请到这里买午饭。／
(chỉ vào bản đồ) hãy đi đến chỗ này để mua ／

(Menunjuk peta) Silakan pergi ke sini. ／ (газрын зураг зааж) Эндээс аваарай. ／
(မြေပုံပေါ်တွင် လက်ညှိုးထောက်၍) ဒီမှာဝယ်လို့ရပါတယ်။ ／
กรุณาไปที่นี่ (ชี้ที่แผนที่)

休憩は何時からですか？ *Kyukei wa nanji kara desuka?*

What time does the break start? ／ 请问几点开始休息？ ／ Nghỉ ngơi(trưa) từ
lúc mấy giờ? ／ Istirahatnya dari jam berapa? ／ Завсарлага хэдэн цагаас
эхлэх вэ? ／ နားချိန်က ဘယ်အချိန်ကစပါလဲ။ ／ เริ่มพักตั้งแต่เวลากี่โมง

今日の休憩は＿＿時から＿＿時です。
Kyo no kyukei wa ＿＿ ji kara ＿＿ ji desu.

Today's break is from ＿＿ to ＿＿. ／ 今天的休息时间是＿＿点到＿＿点。 ／
Hôm nay giờ nghỉ sẽ từ lúc ＿＿ giờ đến ＿＿ Giờ ／
Istirahat hari ini dari jam ＿＿ sampai jam ＿＿. ／
Өнөөдрийн завсарлага ＿＿-с ＿＿ цаг хүртэл. ／
ဒီနေ့ရဲ့ နားချိန်က ＿＿ နာရီကနေ ＿＿ နာရီအထိ ဖြစ်ပါတယ်။ ／
เวลาพักของวันนี้คือตั้งแต่เวลา＿＿น. ถึงเวลา＿＿น.

今日は残業がありますか？ *Kyo wa zanngyo ga arimasuka?*

Is there overtime today? ／ 请问今天要加班吗？ ／ Hôm nay có làm tăng ca
không? ／ Apakah hari ini ada lembur? ／ Өнөөдөр илүү цаг ажиллах уу? ／
ဒီနေ့ အချိန်ပို ရှိပါသလား။ ／ วันนี้มีทำงานล่วงเวลาหรือไม่

今日残業はありません。 *Kyo wa zanngyo wa arimasen.*

There is no overtime. ／ 今天不用加班。 ／ Hôm nay không làm tăng ca ／
Hari ini tidak ada lembur. ／ Өнөөдөр илүү цаг ажиллахгүй. ／
ဒီနေ့ အချိန်ပို မရှိပါဘူး။ ／ วันนี้ไม่มีการทำงานล่วงเวลา

今日は＿＿時まで残業してください。
Kyo wa ＿＿ ji made zangyo shite kudasai.

Please work overtime until ＿＿ today. ／ 今天要加班到＿＿点。 ／
Hôm nay vui lòng làm tăng ca đến ＿＿ giờ ／
Hari ini tolong kerja lembur sampai jam ＿＿. ／

Өнөөдөр ____ цаг хүртэл илүү цаг ажиллаарай. ／
ဒီနေ့ ____ နာရီအထိ အချိန်ပိုလုပ်ပါ။ ／ วันนี้กรุณาทำงานล่วงเวลาจนถึงเวลา____น.

この現場では何を作るのですか？
Kono genba dewa nani wo tsukuruno desuka?

What is made at this work site? ／ 请问这项工程要做什么？ ／
Chúng ta đang làm (xây dựng) gì ở công trường này? ／
Apa yang dibuat di lokasi ini? ／ Энэ барилгын талбайд юу хийдэг вэ？ ／
ဒီအလုပ်ခွင်က ဘာကို လုပ်ပါသလဲ။ ／ คุณทำอะไรในพื้นที่หน้างานนี้

この現場はいつまで工事をしているのですか？
Kono genba wa itsumade kouji wo shiteiruno desuka?

How long will work (construction) be conducted at this work site? ／ 请问这项工
程要施工到什么时候？ ／ Mất bao nhiêu thời gian để thi công công trình
này? ／ Sampai kapan pekerjaan konstruksi akan dilaksanakan di lokasi ini? ／
Энэ барилгын талбайд хэзээ хүртэл барилгын ажил явагдах вэ？ ／
ဒီအလုပ်ခွင်မှာ ဘယ်အချိန်အထိ ဆောက်လုပ်ရေးကို လုပ်ပါသလဲ။ ／
ได้ทำการก่อสร้างจนถึงเมื่อไรในพื้นที่หน้างานนี้

____月までです。 ____ *gatsu made desu.*

Work will be conducted until ____. ／ 要到____月。 ／
Sẽ thi công đến tháng ____ ／ Sampai bulan ____. ／ ____ сар хүртэл. ／
____ လ အထိပါ။ ／ จนถึงเดือน____

ちょっとお待ちください。 *Chotto omachi kudasai.*

Wait a moment, please. ／ 请稍等。 ／ Vui lòng hãy đợi chút xíu ／
Tolong tunggu sebentar. ／ Түр хүлээнэ үү. ／
ကျေးဇူးပြု၍ ခဏလောက်စောင့်ပေးပါ။ ／ กรุณารอสักครู่

体調が良くないので休みたいです。

Taicho ga yokunainode yasumitai desu.

I don't feel well, so I would like a day off. ／ 我身体不舒服，想请一天假。 ／
Tôi cảm thấy không được khỏe, tôi muốn được nghỉ ngơi ／
Saya ingin libur karena tidak enak badan. ／
Бие муу байгаа тул амармаар байна. ／
နေလို့မကောင်းလို့ နားချင်ပါတယ်။ ／ ต้องการหยุดเพราะรู้สึกไม่สบาย

気分が悪いです。 *Kibun ga warui desu.*

I don't feel well. ／ 我身体不舒服。 ／ Tôi cảm thấy ốm ／ Saya merasa
tidak enak badan. ／ Дотор муухайраад байна. ／ နေလို့မကောင်းဘူး။ ／
รู้สึกไม่ดี

おなかが痛いです。 *Onaka ga itai desu.*

I have a stomach ache. ／ 我肚子疼。 ／ Tôi bị đau bụng ／
Perut saya sakit. ／ Гэдэс өвдөж байна. ／ ဗိုက်နာနေတယ်။ ／ ปวดท้อง

頭が痛いです。 *Atama ga itai desu.*

I have a headache. ／ 我头疼。 ／ Tôi bị đau đầu ／ Kepala saya sakit. ／
Толгой өвдөж байна. ／ ခေါင်းကိုက်နေတယ်။ ／ ปวดหัว

＿＿＿を打ち付けて痛みがあります。 ＿＿＿ *wo uchitsukete itami ga arimasu.*

I hit ＿＿＿ and have pain. ／ 我撞到＿＿＿上了，好痛。 ／
Tôi bị va chạm vào ＿＿＿ nên bị đau ／ Saya terbentur ＿＿＿ dan merasa sakit. ／
＿＿＿ -aa/-oo/-өө/-ээ цохьсон чинь өвдөөд байна. ／
＿＿＿ နဲ့ ရိုက်မိပြီး နာနေပါတယ်။ ／ รู้สึกเจ็บเพราะชนกับ ＿＿＿

お祈りをしたいのですがどこですればいいですか？

Oinori wo shitaino desuga dokode sureba iidesuka?

I would like to pray. Is there somewhere I can go?　／　请问哪里可以进行祈祷？　／

Tôi muốn cầu nguyện (dành cho những người theo đạo hồi giáo), tôi có thể

đến đâu để cầu nguyện　／　Di mana saya dapat bersembahyang?　／

Залбирал хиймээр байна, хаана залбирч болох вэ?　／

ဆုတောင်းချင်လို့ ဘယ်နေရာမှာ ဆုတောင်းလို့ရပါသလဲ။　／

หากอยากละหมาด จะทำได้ที่ไหนบ้าง

（地図を指さして）お祈りは、ここに行ってください。

(Chizu wo yubisashite) Oinori wa koko ni ittekudasai.

(Pointing to map) You can pray here.　／　（指着地图）请到这里。　／　(chỉ vào

bản đồ) hãy đến chỗ này　／　(Menunjuk peta) Silakan bersembahyang ke sini.　／

(газрын зураг зааж) Энд очоорой.　／

(မြေပုံပေါ်တွင် လက်ညှိုးထောက်၍) ဒီမှာဆုတောင်းလို့ရပါတယ်။　／

กรุณาไปที่นี่ (ชี้ที่แผนที่)

建設業に関連する在留資格一覧表

→ p.12、134 ほか

身分または地位等類型資格

在留資格	該当例	在留期間
永住者	法務大臣から永住の許可を受けた者（入官特例法の「特別永住者」を除く）	無期限
日本人の配偶者等	日本人の配偶者、子、特別養子	5年、3年、1年又は6月
永住者の配偶者等	永住者・特別永住者の配偶者、及び本邦で出生し引き続き在留している者	5年、3年、1年又は6月
定住者	第三国定住難民、日系3世、中国残留邦人等	5年、3年、1年、6月又は法務大臣が個々に指定する期間（5年を超えない範囲）

活動類型資格（専門的、技術分野）

在留資格	該当例	在留期間
技能実習 1号イ、ロ	1年間（内講習（座学）2ヶ月）	法務大臣が個々に指定する期間（1年を超えない範囲）
技能実習 2号イ、ロ	技能実習1号終了後、所定の技能評価試験（学科、実技）に合格した者 2年間（途中更新）	法務大臣が個々に指定する期間（2年を超えない範囲）
技能実習 3号イ、ロ	技能実習2号終了後、所定の技能評価試験（技能検定3級相当）の実技試験に合格した者 2年間（途中更新）	法務大臣が個々に指定する期間（2年を超えない範囲）
特定技能1号	相当程度の知識又は経験を必要とする技能を要する業務に従事する者	1年、6月、又は4月（上限5年）
特定技能2号	熟練した技能を要する業務に従事する者	3年、1年又は6月
技能	外国に特有の建築、または土木に係る技能について、熟練した技能を要する業務に従事する者	5年、3年、1年又は3月
「技術・人文知識・国際業務」のうち「技術」	理学、工学その他の自然科学の分野に属する技術を要する業務（施工管理技術者、設計技術者等）学歴要因有り（大学院、大学、専門学校を卒業又は決められた実務経験があること）単純作業は不可	5年、3年、1年又は3月
特定活動	インターンシップ	1年

イ；企業単独型
ロ；団体監理型

外国人労働者の雇用管理の改善等に関して事業主が努めるべきこと

→ Chapter3

（厚生労働省「外国人労働者の雇用管理の改善等に関して事業主が適切に対処するための指針（外国人雇用管理指針）」より抜粋、一部要約）

●外国人労働者の募集及び採用の適正化

1. 募集	●募集に当たって、従事すべき業務内容、労働契約期間、就業場所、労働時間や休日、賃金、労働・社会保険の適用等について、書面の交付等により明示すること。（※） ●特に、外国人が国外に居住している場合は、事業主による渡航・帰国費用の負担や住居の確保等、募集条件の詳細について、あらかじめ明確にするよう努めること。 ●外国人労働者のあっせんを受ける場合、許可又は届出のある職業紹介事業者より受けるものとし、職業安定法又は労働者派遣法に違反する者からはあっせんを受けないこと。なお、職業紹介事業者が違約金又は保証金を労働者から徴収することは職業安定法違反である。 ●国外に居住する外国人労働者のあっせんを受ける場合、違約金又は保証金の徴収等を行う者を取次機関として利用する職業紹介事業者等からあっせんを受けないこと。 ●職業紹介事業者に対し求人の申込みを行うに当たり、国籍による条件を付すなど差別的取扱いをしないよう十分留意すること。 ●労働契約の締結に際し、募集時に明示した労働条件の変更等する場合、変更内容等について、書面の交付等により明示すること。（※）
2. 採用	●採用に当たって、あらかじめ、在留資格上、従事することが認められる者であることを確認することとし、従事することが認められない者については、採用してはならない。 ●在留資格の範囲内で、外国人労働者がその有する能力を有効に発揮できるよう、公平な採用選考に努めること。

●適正な労働条件の確保

1. 均等待遇	●労働者の国籍を理由として、賃金、労働時間その他の労働条件について、差別的取扱いをしてはならない。
2. 労働条件の明示	●労働契約の締結に際し、賃金、労働時間等主要な労働条件について、書面の交付等により明示すること。その際、外国人労働者が理解できる方法により明示するよう努めること。（※）
3. 賃金の支払い	●最低賃金額以上の賃金を支払うとともに、基本給、割増賃金等の賃金を全額支払うこと。 ●居住費等を賃金から控除等する場合、労使協定が必要である。また、控除額は実費を勘案し、不当な額とならないようにすること。
4. 適正な労働時間の管理等	●法定労働時間の遵守等、適正な労働時間の管理を行うとともに、時間外・休日労働の削減に努めること。 ●労働時間の状況の把握に当たっては、タイムカードによる記録等の客観的な方法その他適切な方法によるものとすること。 ● 労働基準法等の定めるところにより、年次有給休暇を与えるとともに、時季指定により与える場合には、外国人労働者の意見を聴き、尊重するよう努めること。

（次ページに続く）

5. 労働基準法等の周知	●労働基準法等の定めるところにより、その内容、就業規則、労使協定等について周知を行うこと。その際には、外国人労働者の理解を促進するため必要な配慮をするよう努めること。
6. 労働者名簿等の調整	●労働者名簿、賃金台帳及び年次有給休暇簿を調整すること。
7. 金品の返還等	●外国人労働者の旅券、在留カード等を保管しないようにすること。また、退職の際には、当該労働者の権利に属する金品を返還すること。
8. 寄宿舎	●事業附属寄宿舎に寄宿させる場合、労働者の健康の保持等に必要な措置を講ずること。
9. 雇用形態又は就業形態に関わらない公正な待遇の確保 （2020 年 4 月 1 日から適用）	●外国人労働者についても、短時間・有期労働法又は労働者派遣法に定める、正社員と非正規社員との間の不合理な待遇差や差別的取扱いの禁止に関する規定を遵守すること。 ●外国人労働者から求めがあった場合、通常の労働者との待遇の相違の内容及び理由等について説明すること。（※）

●安全衛生の確保

1. 安全衛生教育の実施	●安全衛生教育を実施するに当たっては、当該外国人労働者がその内容を理解できる方法により行うこと。特に、使用させる機械等、原材料等の危険性又は有害性及びこれらの取扱方法等が確実に理解されるよう留意すること。（※）
2. 労働災害防止のための日本語教育等の実施	●外国人労働者が労働災害防止のための指示等を理解することができるようにするため、必要な日本語及び基本的な合図等を習得させるよう努めること。
3. 労働災害防止に関する標識、掲示等	●事業場内における労働災害防止に関する標識、掲示等について、図解等の方法を用いる等、外国人労働者がその内容を理解できる方法により行うよう努めること。
4. 健康診断の実施等	●労働安全衛生法等の定めるところにより、健康診断、面接指導、ストレスチェックを実施すること。
5. 健康指導及び健康相談の実施	●産業医、衛生管理者等による健康指導及び健康相談を行うよう努めること。
6. 母性保護等に関する措置の実施	●女性である外国人労働者に対し、産前産後休業、妊娠中及び出産後の健康管理に関する措置等、必要な措置を講ずること。
7. 労働安全衛生法等の周知	●労働安全衛生法等の定めるところにより、その内容について周知を行うこと。その際には、外国人労働者の理解を促進するため必要な配慮をするよう努めること。

※の事項については、母国語その他当該外国人が使用する言語又は平易な日本語を用いる等、理解できる方法により明示するよう努める必要があります。

● 労働・社会保険の適用等

1. 制度の周知及び必要な手続きの履行等	● 労働・社会保険に係る法令の内容及び保険給付に係る請求手続等について、外国人労働者が理解できる方法により周知に努めるとともに、被保険者に該当する外国人労働者に係る適用手続等必要な手続をとること。 ● 外国人労働者が離職した際、被保険者証を回収するとともに、国民健康保険及び国民年金の加入手続が必要になる場合はその旨を教示するよう努めること。 ● 健康保険及び厚生年金保険が適用にならない事業所においては、国民健康保険・国民年金の加入手続について必要な支援を行うよう努めること。 ● 労働保険の適用が任意の事業所においては、外国人労働者を含む労働者の希望等に応じ、労働保険の加入の申請を行うこと。
2. 保険給付の請求等についての援助	● 外国人労働者が離職する場合には、離職票の交付等、必要な手続を行うとともに、失業等給付の受給に係る公共職業安定所の窓口の教示その他必要な援助を行うよう努めること。 ● 労働災害等が発生した場合には、労災保険給付の請求その他の手続に関し、外国人労働者やその家族等からの相談に応ずることとともに、必要な援助を行うよう努めること。 ● 外国人労働者が病気、負傷等（労働災害によるものを除く）のため就業することができない場合には、健康保険の傷病手当金が支給され得ることについて、教示するよう努めること。 ● 傷病によって障害の状態になったときは、障害年金が支給され得ることについて、教示するよう努めること。 ● 公的年金の加入期間が6ヵ月以上の外国人労働者が帰国する場合、帰国後に脱退一時金の支給を請求し得る旨や、請求を検討する際の留意事項について説明し、年金事務所等の関係機関の窓口を教示するよう努めること。

● 適切な人事管理、教育訓練、福利厚生等

1. 適切な人事管理	● 外国人労働者が円滑に職場に適応できるよう、社内規程等の多言語化等、職場における円滑なコミュニケーションの前提となる環境の整備に努めること。 ● 職場で求められる資質、能力等の社員像の明確化、評価・賃金決定、配置等の人事管理に関する運用の透明性・公正性の確保等、多様な人材が適切な待遇の下で能力発揮しやすい環境の整備に努めること。
2. 生活支援	● 日本語教育及び日本の生活習慣、文化、風習、雇用慣行等について理解を深めるための支援を行うとともに、地域社会における行事や活動に参加する機会を設けるように努めること。 ● 居住地周辺の行政機関等に関する各種情報の提供や同行等、居住地域において安心して生活するために必要な支援を行うよう努めること。

（次ページに続く）

3. 苦情・相談体制の 整備	●外国人労働者の苦情や相談を受け付ける窓口の設置等、体制を整備し、日本における生活上又は職業上の苦情・相談等に対応するよう努めるとともに、必要に応じ行政機関の設ける相談窓口についても教示するよう努めること。
4. 教育訓練の実施等	●教育訓練の実施その他必要な措置を講ずるように努めるとともに、母国語での導入研修の実施等働きやすい職場環境の整備に努めること。
5. 福利厚生施設	●適切な宿泊の施設を確保するように努めるとともに、給食、医療、教養、文化、体育、レクリエーション等の施設の利用について、十分な機会が保障されるように努めること。
6. 帰国及び在留資格の 変更等の援助	●在留期間が満了し、在留資格の更新がなされない場合には、雇用関係を終了し、帰国のための手続の相談等を行うよう努めること。 ●外国人労働者が病気等やむを得ない理由により帰国に要する旅費を支弁できない場合には、当該旅費を負担するよう努めること。 ●在留資格の変更等の際は、手続に当たっての勤務時間の配慮等を行うよう努めること。 ●一時帰国を希望する場合には、休暇取得への配慮等必要な援助を行うよう努めること。
7. 外国人労働者と共に 就労する上で必要な 配慮	●日本人労働者と外国人労働者とが、文化、慣習等の多様性を理解しつつ共に就労できるよう努めること。

●解雇等の予防及び再就職の援助

1. 解雇	●事業規模の縮小等を行う場合であっても、外国人労働者に対して安易な解雇を行わないようにすること。
2. 雇止め	●外国人労働者に対して安易な雇止めを行わないようにすること。
3. 再就職の援助	●外国人労働者が解雇（自己の責めに帰すべき理由によるものを除く）。その他事業主の都合により離職する場合において、当該外国人労働者が再就職を希望するときは、関連企業等へのあっせん、教育訓練等の実施・受講あっせん、求人情報の提供等当該外国人労働者の在留資格に応じた再就職が可能となるよう、必要な援助を行うよう努めること。
4. 解雇制限	●外国人労働者が業務上負傷し、又は疾病にかかり療養のために休業する期間等、労働基準法の定めるところにより解雇が禁止されている期間があることに留意すること。
5. 妊娠、出産等を理由 とした解雇の禁止	●女性である外国人労働者が婚姻し、妊娠し、又は出産したことを退職理由として予定する定めをしてはならない。また、妊娠、出産等を理由として解雇その他不利益な取扱いをしてはならない。

●労働者派遣又は請負を行う事業主に係る留意事項

1. 労働者派遣	●派遣元事業主は、労働者派遣法を遵守し、適正な事業運営を行うこと。 ●従事する業務内容、就業場所、派遣する外国人労働者を直接指揮命令する者に関する事項等、派遣就業の具体的内容を派遣する外国人労働者に明示すること。 ●派遣先に対し、派遣する外国人労働者の氏名、雇用保険及び社会保険の加入の有無を通知すること。 ●派遣先は、労働者派遣事業の許可又は届出のない者からは外国人労働者に係る労働者派遣を受けないこと。
2. 請負	●請負を行う事業主にあっては、請負契約の名目で実質的に労働者供給事業又は労働者派遣事業を行わないよう、職業安定法及び労働者派遣法を遵守すること。 ●雇用する外国人労働者の就業場所が注文主である他事業主の事業所内である場合には、当該注文主が当該外国人労働者の使用者であるとの誤解を招くことのないよう、当該事業所内で業務の処理の進行管理を行うこと。また、当該事業所内で、雇用労務責任者等に人事管理、生活支援等の職務を行わせること。 ●外国人労働者の希望により、労働契約の期間をできる限り長期のものとし、安定的な雇用の確保に努めること。

●外国人労働者の雇用労務責任者の選任

外国人労働者を常時 10 人以上雇用するときは、この指針に定める雇用管理の改善等に関する事項等を管理させるため、人事課長等を雇用労務責任者として選任すること。

●外国人労働者の在留資格に応じて講ずべき必要な措置

1. 特定技能の在留資格をもって在留する者に関する事項	●出入国管理及び難民認定法等に定める雇用契約の基準や受入れ機関の基準に留意するとともに、必要な届出・支援等を適切に実施すること。
2. 技能実習生に関する事項	●「技能実習の適正な実施及び技能実習生の保護に関する基本方針」等の内容に留意し、技能実習生に対し実効ある技能等の修得が図られるように取り組むこと。
3. 留学生に関する事項	●新規学卒者等を採用する際、留学生であることを理由として、その対象から除外することのないようにするとともに、企業の活性化・国際化を図るためには留学生の採用も効果的であることに留意すること。 ●新規学卒者等として留学生を採用する場合、当該留学生が在留資格の変更の許可を受ける必要があることに留意すること。 ●インターンシップ等の実施に当たっては、本来の趣旨を損なわないよう留意すること。 ●アルバイト等で雇用する場合には、資格外活動許可が必要であることや資格外活動が原則週 28 時間以内に制限されていることに留意すること。

建設技能者 必要能力一覧表（共通編）（案）

→ p.77 ～ 78 ほか

出典：「建設産業担い手確保・育成コンソーシアム 建設技能者 共通編（案）」（建設業振興基金ホームページ）

職業レベル			レベル1	レベル2	
名称			見習い技能者	中堅技能者	
経験年数（目安）			3年まで	4～10年	
対象技能者イメージ			指示された作業を、手順に基づき他の作業者と一緒に実施する能力。	分担された作業を手順に基づいて正確に実施する能力及び、職種によっては施工図を作成し、上司の確認を得て自分で加工する能力。	
知識	建設業の知識	建設業全般	●建設業の社会的役割等を知っている	●建設業の社会的役割等の基本を理解している	
		建設業法	●建設業許可などの建設業法の基本を知っている	●建設業法で必要な現場技術者等を理解している ●建設業法に基づく請負契約の知識がある	
		工事概要	●建築工事を構成する工事の概要を知っている ●建築工事の流れを知っている	●建築工事を構成する工事の概要を理解している ●建築工事の流れを理解し作業している	
	用語・ルール、現場作業		●現場のルールを理解している ●作業に必要な基本的な用語や名称、用途を理解している ●作業の進め方を覚えるよう努めている ●先輩の仕事を見て作業方法を覚えるよう努めている ●補助者となって相番で作業ができる ●現場での安全管理用語を理解している	●職長の指示に従って仕事が進められる ●作業に必要な用語や名称、用途を理解し、若年技能者の指導ができる ●作業工程に従って作業が進められる	
	各職方との連携		●他技能者と仲良くなれる	●他技能者と良好なコミュニケーションがとれる	
社会性及び適性	社会的責任とコンプライアンス		●公私の区別ができる ●職業人としての社会的責任について理解している ●会社の経営理念等の概要を理解している ●現場の就業規則や工事関連の諸ルールの概要を理解している ●過去に問題となった倫理等の事例を知っており、これらの問題に直面した時は、上司に相談ができる	●職業人としてのプロ意識や責任感をもって仕事ができる ●会社の事業、顧客及び利害関係者との関係を理解し、仕事ができる ●現場の就業規則や工事関連の諸ルールを厳守し、仕事ができる	
	現場マナーとコミュニケーション		●朝礼、清掃、喫煙場所等の規律が守れる ●現場関係者等に明るく挨拶をし、先輩等からの質問や問いかけに、ハキハキと答えられる ●常に体調に気を配り、作業環境等に適応できる体力、気力の維持ができる ●現場の近隣等に対して挨拶を行い、現場のイメージを良くできる	●整理整頓や養生を実施し職長に報告できる ●報告、連絡、相談の大切さを理解し、職長に日々の業務内容の報告ができる ●後輩からの作業に関する質問に対し、理解している範囲で分かりやすい説明ができる ●地域社会の一員であることを自覚し、近隣等に対して積極的に挨拶ができる	
	チームワーク		●共同作業の大切さを認識し、一緒に働くことに積極的な行動ができる ●仕事に関心を持ち、先輩の仕事の進め方を見て覚えながらチームに溶け込むことができる ●始業時間や休憩時間を守れる ●休暇は、事前に承認を得ている	●後輩や同僚等との雑談などに加わり、チームワークに配慮ができる ●作業で気付いた点の知識やコツ等をアドバイスし、チームに溶け込めるように働きかけができる ●作業に不慣れな後輩等に対して、見本をやって見せるなどの配慮ができる	
	環境保全への取組		●現場の環境問題への取組み（ゴミゼロエミッション、材料の3R等）を理解している ●近隣等に対して、騒音や振動、粉塵などの影響がないように配慮ができる	●現場の環境問題への取組みを理解し、指示された内容の実施ができる	
施工図	施工図面・数量拾い出し		●施工図に書かれている内容を読むことができる ●加工図、組立図に書かれている内容を読むことができる	●施工図を理解して、作業を進めることができる ●施工図を基に、加工図・組立図の作成ができる ●指示を受けて数量拾い出し作業ができる ●加工図、組立図を理解して、作業を進めることができる	

レベル 3	レベル 4
職長・熟練技能者	登録基幹技能者
5 ～ 15 年	10 ～ 15 年以上
現場管理や工法、技術等について元請管理者と協議し、作業手順を組立て、作業員へ的確な指示・調整等を行う。	高度な技術力を有し、現場管理や工法、技術等について元請管理者と協議できる。また他職種との調整など QCDSE の総合的な管理ができる。
●建設業の社会的役割等の基本について説明力できる ●その時点での建設業に関連する社会問題について理解ができる 　（例：社会保険未加入問題、重層下請問題など）	●その時点での建設業に関連する社会問題を理解し、部下に説明することができる 　（例：社会保険未加入問題、重層下請問題など）
●建設業法を理解し、コンプライアンスに基づき技能者に作業を行わせている	●「建設業法令遵守ガイドライン」を理解している
●専門工事と他業種の関係を理解し指示ができる	
●技能者に仕事の進め方の正確な指示ができる ●元請や他業種に関連する用語や名称等を十分に理解し、指示ができる ●元請管理者と作業の進め方・工程の組立等の打合せができる	●元請に現場ルールを確認し、職長を通じて技能者へ指示ができる ●施工図を基に工法や材料を選定し、元請に対し転用計画を含め適切な作業計画の立案ができる
●他職種の職長と作業間連絡を行い、工程調整等の連携を図ることができる	●他業種との協調ポイントを適確に捉え、現場運営を良好に保つことができる
●企業の社会的責任についての知識と自覚を有し技能者への指導ができる ●会社の経営理念を熟知し、倫理、社会道徳的に望ましい行動を部下に指導ができる ●現場の就業規則や工事関連の諸ルールを部下に指導ができる ●不測の事態には現況分析に基づき、適切な問題解決ができる	●公共の利益と企業の利益が矛盾する場合、企業倫理を踏まえ公正な判断ができる
●整理整頓や養生等を指示し、確認して作業終了後には元請に報告して退場する ●地域の行事に参加するなど、近隣とのコミュニケーションに普段から気を使うことができる	●工事終了後も元請の担当者等と人間関係を維持するよう意思疎通を図り、会社を代表したコミュニケーションができる ●地域の行事等に会社を代表して参加し、近隣には普段から部下や作業者にマナーよく挨拶するよう指導ができる
●作業者同士が協力し合って、良好な関係を保つように指導ができる ●管理者として業務や作業全体が円滑に進むようアドバイスができる	●リーダーまたは手本を示す役割として、現場や社の内外を問わず人をうまくひきつけることができる ●会社を代表して、部下や職長にタイミングよく改善のアドバイスができる
●近隣等に対して、騒音や振動、粉塵などの影響を与えないよう具体的な策を講じることができる	●現場の環境問題への取組みに、会社や専門工事業界等と協力して実施ができる ●材料の 3R を理解して元請の要請に協力して、会社として取り組むことができる
●施工図を理解して、現場打合せができる ●現場打合せを反映した加工図・組立図を作成する指示ができる ●数量拾い出し作業の指示ができる ●加工図・組立図を基に、作業員に加工・組立て作業の指示ができる	●施工図の整合性を確認し、元請管理者と協議ができる ●部下や職長の作成した加工図・組立図を確認し、作成の指導ができる ●数量拾い出し作業の指導ができる

（次ページに続く）

職業レベル	レベル 1	レベル 2	
名称	見習い技能者	中堅技能者	
経験年数（目安）	3 年まで	4 ～ 10 年	
安全管理 / 安全衛生作業法	●作業手順の指導を受けて、指示された配置に従って作業ができる ●職長の指導及び教育に従い、作業結果について先輩や職長に確認を受けている ●職長が指示する危険性又は有害性等の調査事項と対策に従い、作業ができる ●異常時、災害発生時には直ちに先輩や職長へ報告し、落ち着いて指示に従い行動ができる ●労働災害防止について関心を保持できる ●作業内容が労働安全衛生関係法令に規定されていることを理解しており、指導に従い作業ができる ●指導された安全衛生作業を守るように心がけている ●安全施工サイクルに従って、行動ができる	●作業手順に従い、指示された配置の役割を理解して、自分の能力を発揮して作業ができる ●職長の指導及び教育を理解して、作業結果について職長の確認を受けている ●職長が指示する危険性又は有害性等の調査事項と対策の内容を理解して作業ができる ●異常時、災害発生時には直ちに職長へ報告し、措置方法の指示に従い行動ができる ●作業に係る設備及び作業場所の保守管理の状況を職長へ報告し、指示に従って保守管理ができる ●労働災害防止についての関心の保持及び創意工夫を心がけている ●作業員の一員として、労働安全衛生関係法令等の関係条項の知識があり、作業ができる ●作業員の一員として、安全衛生作業に対する心構えができている ●作業状況、工程を把握して、作業員の一員として安全施工サイクルに則った行動ができる	
現場管理 / 品質管理（作業品質の遵守）	●指示により材料の品質基準に従い、正しく区別ができる	●元請・下請役割分担の内容を理解して、施工品質を維持して作業ができる	
現場管理 / 工程管理（作業工程の見極め）	●当日分の作業と役割の把握ができる	●週間、月間の作業工程から毎日の作業目標の認識ができる	
現場管理 / 原価管理		●自社の専門工事についての歩掛りを理解している	
段取りと作業管理 / 入場前準備	●指示を受け、現場乗込み時に必要な道具、材料等の準備ができる	●材料の手配及び段取り等を行い、内容を職長に報告ができる	
段取りと作業管理 / 作業手順等の確認	●自分の作業の役割を確認し、作業手順の習得に努めている	●工程表等から作業の流れ等を想定し、作業班の編成を行い、役割や責任分担の確認ができる	
段取りと作業管理 / 現場状況の確認	●指示を受け、資材置き場や工具類の設置場所等の確認ができる	●他職種との相番作業で影響ある仮設等の問題点を確認し、職長に相談ができる ●近隣状況等の周辺環境を確認し、養生等の事前対策を立てることができる	
段取りと作業管理 / 材料・器具・工具の確認と管理（整理整頓）	●指示を受け、作業に必要な器工具等の数量を確認して、運搬ができる ●指示に従い、材料や器具・工具を決められた場所に整理保管ができる	●器工具類の状況を定期的に点検し、必要な器工具等の数量を準備して職長に確認ができる ●材料の管理については規定どおり、品質を損なわないような集積方法や養生ができる	
資格 * / 職業能力開発促進法	○ 3 級技能士（各種）	○ 2 級技能士（各種）	
資格 * / 労働安全衛生法	◎安全衛生教育（雇入れ時） ◎玉掛特別教育 (1t 未満) ◎高所作業車運転特別教育 (10m 未満) ◎足場の組立て等作業従事者特別教育 ◎フォークリフト運転特別教育 (1t 未満) ◎移動式クレーン特別教育 (1t 未満) ◎クレーン特別教育 (5t 未満) ◎丸のこ等取扱作業者安全衛生教育（特別教育に準じる教育）	◎職長・安全衛生責任者教育 ◎玉掛技能講習 (1t 以上) ◎高所作業車運転技能講習 (10m 以上) ◎足場の組立て等作業主任者技能講習 ◎フォークリフト運転技能講習 (1t 以上) ◎小型移動式クレーン技能講習 (1t 以上 5t 未満) ◎アーク溶接特別教育 ◎自由研削といしの取替え等の業務特別教育	
資格 * / 建設業法			←○ 2 級建築施工
			←※ 2 級建築施工管理
			← (主任技
資格 * / 建築士法			
資格 * / その他	※普通自動車免許		
EQF	レベル 4	レベル 5	

162

レベル 3	レベル 4
職長・熟練技能者	登録基幹技能者
5 ～ 15 年	10 ～ 15 年以上
●作業手順を定めて作業のやり方を指示し、作業者の能力に応じた適正配置ができる ●作業者の能力に応じて指導及び教育をしており、作業中の監督、作業結果の確認ができる ●危険性又は有害性等の事項を調査し、作業開始前に対策を検討して作業員に指示している ●異常時、災害発生時には登録基幹技能者と連携して措置方法を判断し、作業員への指示ができる ●作業に係る設備及び作業場所の保守管理の状況を把握し、適切な保守管理を作業員に指示ができる ●労働災害防止についての関心の保持及び労働者の創意工夫を引き出す動機づけができている ●職長・安全衛生責任者として、労働安全衛生関係法令等の関係条項を理解して、作業を指導ができる ●職長・安全衛生責任者としての作業班の安全衛生業を指導する心構えができている ●職長・安全衛生責任者として登録基幹技能者、他の職長と連絡調整を行い、安全施工サイクルを実践に努めている	●元請業者と作業内容を協議して手順を定め、現場の状況に応じて作業班を編成して、適正配置ができる ●危険性又は有害性等の調査事項について、元請事業者と対策を提案、調整ができる ●異常時、災害発生時には元請事業者や他の職長と共に措置方法を提案、調整して指示ができる ●作業に係る設備及び作業場所の適切な保守管理を元請事業者や他の職長と検討・実施ができる ●登録基幹技能者として他の職長・安全衛生責任者に安全衛生に関わる事項を指導ができる
●施工品質を維持するよう作業を徹底し、作業所ルールに従い自主検査の徹底ができる	●元請管理者を補佐し、品質管理に努めている ●自社の役割分担を確認し施工品質が維持できるよう職長に指示ができる
●施工計画書に基づいた週間及び月間の作業工程計画を基に作業の全体像の把握ができる	●元請管理者を補佐し、工程管理に努めている ●元請の工程会議に出席し、他職種業者との調整役を任されて、工程管理の一部を実施、管理ができる
●自社の専門工事について歩掛りを理解し、原価管理ができる	●自社専門工事の原価管理能力があり、元請管理者に対して経費削減案等の提示ができる
●作業計画等を基に、作業指示するとともに、送出し教育の実施ができる	●乗込み前に元請管理者と打合せを行い、要求工程と自社の体制の整合を図り、全体の施工計画書を確認し、他現場との調整ができる ●工程表等を基に前工程、後工程を確認し、他職種業者との打合せができる
●作業の流れから整合性を確認し、効率化を図るための指示ができる	●職長が提出した役割分担や編成等の報告を受け、必要であれば配備調整ができる
●現場で生じた不具合や納まりの問題点の指摘、対策案等の指導ができる	●作業遅延が発生した場合は元請管理者と協議し、施工管理者に報告ののち、対策の周知ができる
●器工具類の申請書を確認し、代替が必要な場合は手配等を指示ができる ●材料の管理を、品質を損なわないように、適切な集積、養生方法などを計画し作業指示ができる	●現場持込み機械類について、事前に元請管理者から管理場所等の承認を得ている ●作業工程に基づいた材料の状況を把握し、適正管理するように指示ができる
○ 1 級技能士（各種）	※職業訓練指導員
◎職長・安全衛生責任者教育（再） ◎酸素欠乏危険作業業務特別教育	◎職長・安全衛生責任者教育（再） ※ RST 講座・新 CFT 講座
管理技士（躯体）→	←※ 1 級建築施工管理技士→
技士（建築・仕上げ）→	○登録基幹技能者（各種） （監理技術者）
術者）→	
	←※建築士（1・2 級）→
レベル 6	レベル 7

付録 4　建設技能者 必要能力 一覧表

＊凡例　◎：当該業務に従事する上で必須の資格　○：技能レベルを判断する資格　※：ステップアップしていく上で取得が望ましい資格

建設技能者 必要能力一覧表（型枠）（案）

出典：「建設産業担い手確保・育成コンソーシアム 建設技能者 型枠（案）」（建設業振興基金ホームページ）

職業レベル			レベル1	レベル2	
名称			見習い技能者	中堅技能者	
経験年数（目安）			3年まで	4～10年	
型枠技能者対象イメージ			見習い工として修業中の技能者	見習い工を修了し、現場での経験を積んだ技能者	
区分の目安（職務概要）			型枠材・支保工の基礎的な知識があり、道具・電動工具等の安全な使い方を知り、作業の補佐ができる	中堅技能者として、工程や工事の流れに沿って、正確なパネル加工、建込みができる	
生産レベルの目安 （作業の精度・早さ）			上司の直接的指示・指導を受け、手順を確認しながら作業を行うことができる	加工帳に基づき正確な加工、建込みができ、一般的な早さ・精度がある	
専門知識・基本技能	道具の知識・管理	道具	●一般的に使用する道具一式を正しく使用することができる 〈道具〉 釘袋、ハンマー、墨つぼ、墨差、差し金、下げ振り、のこぎり、バール、フォームタイ廻し、ラチェット、レベル、レーザーレベル	●標準的な道具一式を正しく使用し、手入れができる 〈道具〉 釘袋、ハンマー、墨つぼ、墨差、差し金、下げ振り、のこぎり、バール、フォームタイ廻し、ラチェット、レベル、レーザーレベル	
		電動・エア工具	●一般的な電動・エア工具を正しく使用することができる 〈電動・エア工具〉 丸のこ、電気ドリル、釘打ち機、コンプレッサ、インパクトドライバー	●電動・エア工具を正しく使用し、手入れができる 〈電動・エア工具〉 丸のこ、電気ドリル、釘打ち機、コンプレッサ、インパクトドライバー、台付のこ、ベビーサンダー、溶接機	
		工具の扱い	●道具、丸のこ、釘打ち機を安全に使用することができる	●道具、丸のこ、台付のこ、釘打ち機を自在に扱うことができる	
	型枠材料知識	型枠材	●敷桟・型枠用合板・桟木・セパレーター、面木、目地棒等について理解している	●合板だけでなく、鋼板、デッキ材、曲面型枠、ラス型枠等の型枠材を扱うことができる ●型枠材の拾いができる	
		支保工資材等	●サポート・パイプ・ビーム等についての基本を理解している	●サポート・パイプ・ビーム等を正しく使用することができる ●必要な支保工材の拾いができる	
		その他資材	●フォームタイ・チェーン等の基本を理解している	●フォームタイ・チェーン等を正しく使用することができる	
		金物等	●アンカー金物、インサート、スリーブやドレインの基本を理解している	●アンカー金物、インサート、スリーブやドレインの正しい取付方法を理解している	
	加工帳の理解・作成	加工帳	●指示を受け、加工帳の基本的な読み方を理解している	●加工帳を理解して下拵え作業ができる ●簡単な加工帳の作成ができる	
		施工図		●施工図を見て作業ができる	
		原寸	●指示を受けて、簡単な原寸をもとに、加工ができる	●難しい型枠も原寸をもとに、加工ができる	

レベル3	レベル4
職長・熟練技能者	登録基幹技能者
5〜15年	10〜15年以上
部下の技能者に対する的確な指示、適正配置を行い、他職種及び元請と調整、協議等を行う、職長又は主任技術者として現場管理を行うことができる技能者	高度な技術力を有し、工法、技術、現場管理及び請負契約の内容について元請管理者と協議する、現場代理人になり得る技能者
加工帳を作成し、必要な資材の発注、手戻りのない段取りの検討、技能者への加工や建込みの指示等の作業管理、品質管理、工程管理及び安全管理がでぎ、他職種との調整を行ことができる	全体工程の把握・管理ができ、他職種や他工区との作業調整を率先して実行することにより、自工区の手待ち・手戻りを回避することができる 型枠の技能、知識を第三者に正しく説明、指導ができ、安全、品質を考慮した作業手順書の作成ができる
常に自主検査を伴う作業管理を実施し精度管理ができる。また要求品質を達成することができる	常に自主検査を伴う作業管理を実施し精度管理ができる。また要求品質を達成することができる
●道具の使い方と手入れの仕方を技能者に正しく指導ができる	●安全な作業に向けて、各技能者の道具の手入れ等の管理の指示ができる
●分電盤、配線状況の確認、正しい指導ができる ●有資格者を適切に配置し、管理ができる ●電動・エア工具の点検内容、点検頻度を理解し指示・指導ができる	
●使用状況を確認、指導することができる	
●適切な型枠計画を元請と協議、検討することができる	
●適切な支保工計画を元請と協議、検討することができる ●簡単な支保工計算、側圧計算ができる	
● JAS、仮設工業会認定基準を理解している	
●金物等の使用方法、許容荷重を理解している	
●施工図に基づき、転用を考慮し加工帳の作成ができる	●加工帳と施工図との整合性を確認し、修正等の指示ができる
●施工図に基づき、効率的な作業の進め方を考慮した指示ができる	
●難しい型枠の原寸を作成することができる	

（次ページに続く）

付録4　建設技能者必要能力一覧表

職業レベル		レベル1	レベル2	
名称		見習い技能者	中堅技能者	
経験年数（目安）		3年まで	4～10年	
基本技能	資材運搬	●資材の効率の良い運搬・置き方を理解している ●指示を受けて、型枠材・支保工の運搬ができる	●資材の必要数量の確保・使用方法を理解している ●次の作業を判断して型枠材・支保工の運搬ができる	
	墨出し	●指示を受けて、小墨出しの補助ができる ●指示を受けて、レベル出しの補助ができる	●施工図を見て小墨出しができる ●施工図を見て、レベル出しができる	
	パネル加工	●指示を受けて、基礎型枠の加工補助ができる ●指示を受けて、柱・梁・壁型枠の加工補助ができる ●指示を受けて、スラブ型枠の加工補助ができる	●加工帳を理解し、合理的な材料取りができる ●加工帳を理解し、基礎型枠の加工ができる ●加工帳を理解し、柱・梁・壁型枠の加工ができる ●加工帳を理解し、スラブ型枠の加工ができる ●加工帳を理解し、階段型枠の加工ができる	
	建込み	●指示を受けて、作業手順を確認しながら、型枠材の建込みの補助ができる ●指示を受けて、セパレーターの取付の補助ができる ●指示を受けて、支保工の取付けの補助ができる	●作業手順を理解し、基礎・柱・梁・スラブ型枠材の建込みができる ●地組により梁ユニットを製作し、正確に設置することができる ●階段等の役物の建込みができる ●加工帳を理解し、セパレーターの取付ができる ●作業手順を理解し、支保工の取付けができる ●施工図に基づき、捨て型枠・浮型枠の取付けができる ●施工図に基づき、開口部の型枠を設置することができる ●施工図に基づき、箱抜きや目地棒を設置することができる ●糸を張り、通りの確認ができる ●下げ振りで、建入りの確認、建入れ直しができる	
	コンクリート打設		●コンクリート打設の合番作業で、不具合の発生した型枠の是正を行うことができる ●指示を受け、レベルや通りのチェックができる	
	解体			
	特殊な工法	●大型型枠、システム型枠など特殊な工法を知識として理解している	●指示を受けて、大型型枠、システム型枠など特殊な工法のパネル加工、建込みができる	
資格＊	職業能力開発促進法		○2級型枠施工技能士 ○技能士補	
	労働安全衛生法	◎安全衛生教育（雇入れ時） ◎玉掛特別教育（1t未満） ◎高所作業車運転特別教育（10m未満） ◎フォークリフト運転特別教育（1t未満） ◎移動式クレーン特別教育（1t未満） ◎クレーン特別教育（5t未満） ◎足場の組立て等作業従事者特別教育 ◎酸素欠乏危険作業特別教育 ◎丸のこ等取扱作業者安全衛生教育 　（特別教育に準じる教育）	◎職長・安全衛生責任者教育 ◎玉掛技能講習（1t以上） ◎高所作業車運転技能講習（10m以上） ◎フォークリフト運転技能講習（1t以上） ◎小型移動式クレーン技能講習（1t以上5t未満） ◎型枠支保工組立等作業主任者技能講習 ◎足場の組立て等作業主任者技能講習 ◎酸素欠乏危険作業主任者技能講習 ◎アーク溶接特別教育 ◎自由研削といしの取替え等の業務特別教育	
	建設業法		←○2級建築施工	
			←※2級建築施工管理	
			←（主任技	
	建築士法			
	その他	※普通自動車免許		

レベル3	レベル4
職長・熟練技能者	登録基幹技能者
5～15年	10～15年以上
●資材搬入計画の立案と指示ができる	
●基準墨と小墨の整合性を判断することができる	
●工程に合わせパネル加工の指示を出し、加工のミスや問題点を指摘することができる	●加工帳から搬入計画、パネル作成計画を立て、元請管理者と加工スケジュールの調整ができる
●工程を考慮し、型枠の建込みを指示できる ●施工図を理解し、型枠材の正確な建込みのための指示ができる ●セパレーターの配置計画ができる ●支保工計画に基づき、組立ての指示、チェックができる ●施工図に基づき、浮型枠、開口部、箱抜き、目地棒、金物取付けの指示を出し、チェックができる ●型枠工事の不具合事例の知識があり、元請と対策を協議し実施することができる	●元請管理者と協議し、建込みの品質確保のための指示ができる ●コンクリート打設後に現れる躯体品質の向上に向け、型枠工事における取り組みを元請と協議できる
●コンクリート打設の合番作業で、確認や修正の指示ができる	●コンクリート打設の終了後、自主検査を行い、元請管理者に記録の提出ができる
●転用材と搬出材の判断を行い、解体工に資材の分別を指示できる	
●大型型枠、システム型枠など特殊な工法の知識・経験がある	●大型型枠、システム型枠など経験した特殊な工法の型枠計画の作成ができる
○1級型枠施工技能士	※職業訓練指導員
◎職長・安全衛生責任者教育（再）	◎職長・安全衛生責任者教育（再） ※RST講座・新CFT講座
管理技士（躯体）→	←※1級建築施工管理技士→
技士（建築・仕上げ）→	○登録型枠基幹技能者 （監理技術者）
術者）→	
←※建築士（1・2級）→	

＊凡例　◎：当該業務に従事する上で必須の資格　○：技能レベルを判断する資格
※：ステップアップしていく上で取得が望ましい資格

建設技能者 必要能力一覧表（鉄筋）（案）

出典：「建設産業担い手確保・育成コンソーシアム 建設技能者 鉄筋（案）」（建設業振興基金ホームページ）

職業レベル			レベル 1	レベル 2	
名称			見習い技能者	中堅技能者	
経験年数（目安）			3 年まで	4 ～ 10 年	
鉄筋技能者対象イメージ			見習い工として修業中の鉄筋技能者	見習い工を修了し、チームの一員として現場での経験を積んだ鉄筋技能者 班長として作業指示ができる	
区分の目安（職務概要）			鉄筋材料の名称と基礎的な知識を覚え、道具・電動工具等の安全な使い方を知り、作業の補佐ができる	中堅技能者として、工程や工事の流れに沿って、鉄筋加工や組立てを正確にできる	
生産レベルの目安 （作業の精度・早さ）			上司の指示を受け、手順を確認しながら作業を行うことができる	鉄筋加工帳（絵符）に基づき、正確な鉄筋加工、組立てを、一般的な早さ・精度で行うことができる	
専門知識・基本技能	道具の知識・管理	機械・工具の種類	●一般的な鉄筋使用の機械・工具一式の使用方法を覚え正しく行える 〈機械・工具〉 鉄筋切断機（バーカッター）、鉄筋曲げ機（バーベンダー）、電動カッター、曲げハッカー、ライバー、電工ドラム、結束ハッカー、折尺（スケール）	●鉄筋使用機械・工具一式の使用法と手入れを習得している	
	材料知識	鉄筋の種類と記号	●鉄筋コンクリート用棒鋼の呼び名を理解している ●製造企業（メーカー）別鉄筋の色分けと圧延マークを知っている ●異形棒鋼とねじ鉄筋の区別がわかる	●担当作業所の使用するメーカーと強度を知っている	
		継手及び定着長さ	●継手と定着長さを理解している ●基本的な継手の種類や方法を理解している	●継手と定着長さについて理解して指導ができる	
		かぶり厚さ	●指示を受けて、かぶり厚さを確保する適切なスペーサーの使い方を理解している ●スペーサーの種類がわかる	●各部位の鉄筋の設計かぶり厚さ及び最小かぶり厚さの規定の知識があり、指導ができる	
		鉄筋間隔	●指示を受けて、鉄筋の間隔・あきを確保する適切なスペーサーの使い方を理解している	●鉄筋の間隔・あきの最小寸法を理解し、必要なあき寸法を確保しており、指導ができる	
		折曲基準	●フックが必要な鉄筋の基本を理解している	●折曲げ部の折曲げ形状・寸法の基準を理解している ●加工寸法の許容差について基本的な知識がある	
	組立施工図 鉄筋加工帳（絵符）の理解・作成	組立施工	●配筋の部位がわかる 　（基礎・柱・梁・壁・床（スラブ）） ●指導のもと配筋・結束ができる	●鉄筋施工図を見て、鉄筋加工帳（絵符）の作成ができる ●指示を受けて、簡単な施工図の作成ができる	
		鉄筋加工	●指導のもと鉄筋加工帳（絵符）を見て加工ができる ●鉄筋加工帳（絵符）を見て加工する機械の判断ができる	●鉄筋加工帳（絵符）に基づき作業が進められる ●鉄筋加工帳（絵符）を見て加工ができる	

レベル3	レベル4
職長・熟練技能者	登録基幹技能者
5 ~ 15年	10 ~ 15年以上
現場管理や工法、技術等について元請管理者と協議し、作業手順を組立て、作業員への的確な指示・調整等を行う	高度な技術力を有し、現場管理や工法、技術等について元請管理者と協議ができる。また他職種との調整など QCDSME の総合的な管理ができる
加工帳を作成し、必要な資材の発注、技能者への鉄筋加工、組立ての指示ができる。各職方との段取りの調整ができる	作業所の品質精度・工程・安全・工事管理を行い、技能、知識を第三者に正しく説明、指導ができる
鉄筋加工や組立て精度が平均的な技能者より格段に早く手直しもほとんどない作業ができる	作業そのものより、作業指示各種管理の総括を的確に行える
●機械・工具の使い方と手入れの仕方を技能者に正しく指導できる	●安全な作業に向けて、各技能者に機械・工具の手入れ等の管理の指示ができる
	●常に JASS-5 の改訂に配慮することができる
●継手と定着長を理解して、作業結果の検査ができる	●常に JASS-5 の改訂に配慮することができる
●各部位のかぶり厚さの規定を理解して必要なかぶり厚さを確保できているか検査ができる	
●鉄筋の間隔・あきの寸法を理解して、必要なあき寸法を確保できているか検査ができる	●常に JASS-5 の改訂に配慮することができる
	●常に JASS-5 の改訂に配慮することができる
●構造図・躯体図に基づき、鉄筋施工図の作成ができる ●鉄筋施工図に基づき、効率的な作業の進め方を考慮した作業指示ができる	●躯体図と鉄筋施工図の整合性を確認し、修正等の指示ができる ●鉄筋施工図の作成にあたり、躯体図に基づき、配筋の重要ポイント等を元請と協議して作成に反映ができる
●鉄筋施工図に基づき、鉄筋加工帳（絵符）の作成ができる ●鉄筋加工帳（絵符）に基づき、効率的な作業の進め方を考慮した作業指示ができる	●鉄筋加工帳（絵符）と鉄筋施工図との整合性を確認し、修正等の指示ができる ●鉄筋施工図に基づき、配筋の重要ポイント等を元請と協議して鉄筋加工帳（絵符）の作成に反映ができる

付録4　建設技能者 必要能力 一覧表

169

職業レベル		レベル1	レベル2	
名称		見習い技能者	中堅技能者	
経験年数（目安）		3年まで	4～10年	
専門技能	鉄筋加工	●指示と指導に基づいて、曲げ加工作業等の手元作業ができる ●曲げ機、切断機の使用方法を理解している	●鉄筋加工帳（絵符）に基づいて、曲げ加工を行い工場長の確認を受けている ●作業者の加工に不具合があれば、自分で見本を加工して見せて指導ができる	
	鉄筋組立	●指示に従って鉄筋組立作業ができる ●先輩等の指導を受けながら、組立作業手順を学んでいる ●先輩等の指導のもと準備作業ができる	●鉄筋施工図を見て組立手順に基づいて、効率良く配筋や組立ができる ●組立作業終了後に職長の検査を受けている	
	資材運搬	●指示に従って荷受作業ができる ●使用する工具・資材の準備作業ができる（端太角、玉掛けワイヤー、介錯ロープ）	●指示に従って荷受け段取りを行って後輩に作業指示ができる ●指示に従い鉄筋加工帳（絵符）を基に入荷材の確認ができる ●資材置場の安全確保の確認ができる	
	配筋検査			
資格※	職業能力開発促進法	○3級鉄筋施工技能士	○2級鉄筋施工技能士 ○2級鉄筋施工図技能士	
	労働安全衛生法	◎安全衛生教育（雇入れ時） ◎玉掛特別教育（1t未満） ◎高所作業車運転特別教育（10m未満） ◎足場の組立て等作業従事者特別教育 ◎フォークリフト運転特別教育（1t未満） ◎アーク溶接特別教育 ◎揚貨装置の運転の業務にかかる特別教育 ◎建設用リフト特別教育 ◎移動式クレーン特別教育（1t未満） ◎クレーン特別教育（5t未満） ◎デリック特別教育（5t未満） ◎酸素欠乏作業特別教育	◎職長・安全衛生責任者教育 ◎玉掛技能講習（1t以上） ◎高所作業車運転技能講習（10m以上） ◎足場の組立て等作業主任者技能講習 ◎フォークリフト運転技能講習（1t以上） ◎ガス溶接技能講習 ◎床上操作式クレーン運転技能講習（5t以上） ◎小型移動式クレーン技能講習（1t以上） ◎第1種酸素欠乏危険作業主任者	
	建設業法			←○2級建築施工管理
				←※2級建築施工管理技士
				←（主任技
	建築士法			
	その他	※普通自動車免許		

レベル3	レベル4
職長・熟練技能者	登録基幹技能者
5～15年	10～15年以上
● 作業者が切断や曲げ加工等をした鉄筋材料が当該現場の仕様に合致しているかどうか確認ができる ● 搬入や揚重機計画を含む小運搬等を考慮した加工を行って小ロット単位で結束して準備ができる	● 作業者が切断や曲げ加工等をした鉄筋材料に現場仕様と不適合があれば指導し再発防止を図ることができる ● 搬入や小運搬等を考慮した加工を作業者に指示し、作業結果の確認ができる ● 鉄筋加工の材料管理ができる
● 事前の質疑応答ができており、効率良く配筋や組立ができる ● 組立作業終了後に、仕様書に基づき検査ができる ● 作業終了後の立会い検査では、詳細説明を求められた場合にはわかりやすく説明ができる	● 仕様書に則り、鉄筋組立作業の品質管理ができる
● 現場状況を考慮した適切な計画をして、材料運搬の作業指示ができる	
● 自主検査をさせ、是正ができる ● 部位ごと配筋チェックリストの作成ができる（基礎・柱・梁・壁・床（スラブ））	● 自主検査を行い指示・指導ができる
◎ 1級鉄筋施工技能士 ◎ 1級鉄筋施工図技能士	※ 職業訓練指導員
◎ 職長・安全衛生責任者教育（再）	◎ 職長・安全衛生責任者教育（再） ※ RST講座・新CFT講座

技士（躯体）→　　　　　　　　　　←※1級建築施工管理技士→

（建築・仕上げ）→

術者）→

◯ 登録鉄筋基幹技能者
（監理技術者）

←※建築士（1・2級）→

＊凡例　◎：当該業務に従事する上で必須の資格　◯：技能レベルを判断する資格
※：ステップアップしていく上で取得が望ましい資格

施工管理技術者 必要能力一覧表

→ p.77 ~ 78 ほか

項目		新入社員	
現場力	品質	写真を撮ることができる 測量器械を操作できる 図面を読むことができる	
	原価	出面を取ることができる 歩掛りをまとめることができる	
	工程	工程表を読み取ることができる	
	安全	KYK を実施できる 自分の安全を守ることができる	
	環境	マニフェストを作成することが できる	
	対応力 コミュニケーション能力	挨拶、マナーが身についている 職人と話すことができる	
営業力	技術営業	近隣住民との良好な関係を築く ことができる	
人材力	人材育成能力		
組織力	チームワーク	報連相の意味を知って行動して いる	
財務力			
経営管理力			
資格		2 級施工管理技士	
人間力	智：判断力、学び 仁：真心、思いやり 勇：行動力、前向き	現場マナーを実践できている	

若手社員 （高卒5〜7年、大卒2〜4年）	現場代理人 （経験10〜20年程度）	工事部課長 （経験20年〜程度）
共通仕様書、規格値をもとに、作業手順書を作成できる	施工計画書を作成できる 設計変更協議書を作成できる	施工計画書のチェックができる 社内検査を実施できる
歩掛りをもとに原価計算ができる 小規模工事の実行予算の作成ができる	中・大規模工事の実行予算を作成できる 原価低減ができる	予算検討会を開催できる 原価管理システムの構築ができる
マスター工程をもとにして月間工程表、週間工程表を作成できる	マスター工程表を作成できる 工期短縮ができる	工程短縮提案ができる 新工法を提案できる
安全衛生会議を開催できる 届出書類を作成できる	安全パトロールで指摘できる リスクアセスメントを実施できる	店社パトロールで指摘できる 監督署対応ができる
届出書類を作成できる	環境関連法を理解し実践している	予防処置を立案できる
近隣、協力会社と良好な関係を築くことができる	発注者、協力会社との交渉ができる 地元説明会にてプレゼンができる	もめた現場を収められる 不祥事の対応ができる
現場近隣から営業情報を入手することができる	現場近隣から工事受注ができる	マーケティングを理解し実践できる 受注計画を作成できる
新入社員の育成指導ができる	若手社員、協力会社職長の育成指導ができる	人事評価を実施できる 教育計画を作成できる
自主的な報連相ができる	社内会議の主催ができる	若手社員の定着促進ができる 新卒社員の採用ができる
	損益計算書を理解し改善点を実践できる	貸借対照表を理解し改善点を実践できる
		部門経営計画を作成できる
1級施工管理技士 二級建築士	1級施工管理技士（2種類） コンクリート技士・診断士	技術士（建設部門） 一級建築士
先輩、上司心得を実践できている	リーダーシップを習得し実践できている	組織マネジメントを習得し実践できている

施工管理技術者 必要能力一覧表（新入社員 5 年育成計画）

項目		細項目	1 年目	
現場力	品質	測量	レベル、トランシットが使用できる	
		写真管理		
		出来形管理		
		施工計画書の作成		
	原価	工事日報の作成	当日の工事日報を記入できる	
		実行予算書の作成		
		請求書のチェック		
		原価低減		
	工程	当日の作業内容把握	当日の作業内容を把握できる	
		明日の作業内容把握		
		工程表作成		
		工期短縮		
	安全	KYK の実施	KYK 活動を記録できる	
		リスクアセスメントの作成		
		災害防止協議会にて発言		
		届出書類の作成		
		現場内の整理整頓	身の回りの整理整頓ができる	
		使用車両の管理		

	2年目	3年目	4年目	5年目
	座標計算ができる	測量リーダーとして工期に合わせた測量ができる		
	写真管理基準に基づいて写真撮影ができる	撮影した写真を整理することができる		
		出来形を正確に計測することができる	出来形管理表を作成することができる	発注者の確認、立会い、打ち合わせができる
		上司の指導のもと、施工計画書の一部を作成することができる	上司の指導のもと、施工計画書を作成することができる	自ら工夫した施工計画書を作成することができる
	当日の原価を把握できる			
		先輩の指導のもと、実行予算書を作成できる	実行予算を作成できる	施工中に最終予算原価を集計できる
	物品購入時の金額が把握できる	資材納入業者より見積書を取り寄せられる		
				原価低減提案、VE提案を策定できる
	当日の作業状況を上司に報告できる			
	明日の作業内容を把握できる			
		週間工程表を作成できる	月間工程表を作成できる	全体工程表を作成できる
				工期短縮提案を策定できる
	率先してKY活動ができる			
		リスクアセスメントができる	リスクアセスメントの結果、対策を立案できる	安全パトロールで危険箇所を指摘できる
		災害防止協議会で発言ができる	災害防止協議会の司会ができる	災害防止協議会の運営ができる
		労働基準監督署への届出書類を作成できる		
	現場の整理整頓を推進できる	協力会社を指導して整理整頓を推進できる		
		使用機械の点検ができる	使用機械の整備ができる	

（次ページに続く）

項目		細項目	1年目	
現場力	環境	マニフェストの理解	マニフェストを作成することができる	
		近隣対応	近隣住民に対して気持ちよく挨拶することができる	
		環境影響評価		
	コミュニケーション能力	対お客様とのコミュニケーション		
		対協力会社とのコミュニケーション	協力会社と対等に話をすることができる	
		社内のコミュニケーション	上司とコミュニケーションをとることができる	
営業力	技術営業			
人材力	人材育成能力			
組織力	チームワーク	報連相	上司からの指示に対して適切に報告することができる	
資格				
人間力	思いやり		自分のことより相手のことを考えた行動をしている	
	感謝力		ありがとうと言うことができる	
	学ぶ習慣		2か月に1冊本を読んでいる	
	行動力		考えるより前に行動することができる	
	前向き		前向きな言葉を使っている	
	約束順守		時間を守ることができる	

2年目	3年目	4年目	5年目
廃棄物業者の契約を管理することができる			
		近隣住民に工事内容を説明することができる	近隣住民のクレームに対応することができる
	環境影響評価をすることができる	環境影響評価をもとに対策を立案することができる	
	お客様との打ち合わせをすることができる	お客様の要望に応じて提案書を作成することができる	お客様と交渉をすることができる
協力会社に指示をすることができる	協力会社からの質問に的確に回答することができる	協力会社と交渉をすることができる	
社内会議で発言ができる	社内の雰囲気を明るくすることができる	部下を育成することができる	
	お客様に営業提案をすることができる	お客様から新規工事を受注することができる	
部下の話を聞くことができる	部下の指導をすることができる	部下の成長を支援することができる	部下から尊敬される行動をとることができる
適切なタイミングで相談ができる	自分の持っている情報を関係者に連絡することができる		
	2級施工管理技士		1級施工管理技士
毎月1冊本を読んでいる	勉強会に自主的に参加している		
自分の担当現場以外の現場見学をしている	施工検討会に参加している		
前向きな言葉で周囲を前向きにすることができる			
提出書類の期限を守ることができる	不言実行できる		

個人別キャリアプラン（●年●月●日〜●年●月●日）

対象者氏名　●●●●　　年齢　25 歳　所属　工事部第 1 課
指導者氏名　●●●●

	計画（ポスト）	期待する能力	習得方法
5 年後 (20●●年)	工事部第 1 課主任	施工図を書くことができる	CAD が使えるよう勉強会に参加する
		重機の運転をすることができる	毎日 1 時間練習する
		日本語の読み書きが不自由なくできる	日本語の本を毎月 1 冊読む
		周囲の人の安全を守ることができる	KYK の司会を行う
		月間工程を理解している	月間工程会議に参加する
3 年後 (20●●年)	工事部第 1 課	図面を読み取ってポイントを理解している	図面のポイントを毎日図面に書き込む
		工具を使いこなしている	自分で工具使用マニュアルを作成する
		基本的な日本語のコミュニケーション力を有している	N2 を取得するため勉強会に参加する
		安全ルールを理解している	安全法令の勉強会に参加する
		週間工程を理解している	工程勉強会にて学ぶ
現在 (20●●年)	工事部第 1 課	図面を読むことができる	毎日現場に図面を持っていく
		道具と工具の名前と使い方を理解している	道具と工具の写真を撮影して復習する
		基本的な日本語のコミュニケーション力を有している	N3 を取得するため勉強会に参加する
		作業指示を理解することができる	わからないことは、必ず確認する
		自分の安全を自分で守ることができる	学んだことを野帳にメモし、繰り返し練習する

6か国語 建設専門用語集

日本の建設現場で働く外国人のために約200語の建設専門用語をまとめました。日本語、英語、中国語、ベトナム語、インドネシア語、ミャンマー語の合計6言語で翻訳しています。現場で日本人の先輩が外国人に建設用語を解説するときはもちろん、外国人自身が独学で知識を身につけるときにも役に立ちます。他の用語集よりも分かりやすい言葉で解説していますので、ぜひご活用ください。

※各項目は、日本語、英語、中国語、ベトナム語、インドネシア語、ミャンマー語の順に掲載しています。

※この付録は、ハタ教育出版発行の下記の冊子を再編したものです。
『建設業界で働く人のための 建設専門用語300　完全解説』
『日本の建設業界で働く人のための 建設専門用語200　英語完全解説』
『日本の建設業界で働く人のための 建設専門用語200　中国語完全解説』
『日本の建設業界で働く人のための 建設専門用語300　ベトナム語完全解説』
『日本の建設業界で働く人のための 建設専門用語200　インドネシア語完全解説』
『日本の建設業界で働く人のための 建設専門用語300　ミャンマー語完全解説』

1. 基盤・基礎 (*Kiban・Kiso*)

Foundation, Base ／ 地基、基础 ／ Mặt bằng và nền móng ／ Dasar Fondasi ／
ဖောင်ဒေးရှင်း၊ အောက်ခြေအုတ်မြစ်

1-1. 基礎工事 *Kiso koji*

Foundation ／ 基础工程 ／ Công tác nền móng ／ Fondasi ／
အောက်ခြေအုတ်မြစ်ချ|ခြင်း

ガラ　*Gara*

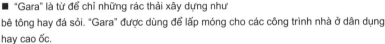

■コンクリートや石などの建設廃材。建物や住宅建設の基礎として使用する。

■ Construction waste including concrete, stones and scrap wood, which is used for making the foundation of houses or buildings.

■渣土指混凝土及石块等建筑废料。渣土用于建筑物及住宅建设的基础。

■ "Gara" là từ để chỉ những rác thải xây dựng như bê tông hay đá sỏi. "Gara" được dùng để lấp móng cho các công trình nhà ở dân dụng hay cao ốc.

■ Puing adalah sisa konstruksi termasuk beton, bebatuan, dll. yang digunakan untuk fondasi bangunan dan rumah.

■ စွန့်ပစ်ပစ္စည်းဆိုသည်မှာ ကွန်ကရစ်နှင့်ကျောက်ခဲစသည့် ဆောက်လုပ်ရေး စွန့်ပစ်ပစ္စည်းများကို ဆိုလိုသည်။ စွန့်ပစ်ပစ္စည်းများအား အဆောက်အဦးနှင့် နေအိမ်ဆောက်လုပ်ရေးများ၏ အောက်ခြေဖောင်ဒေးရှင်းအဖြစ် အသုံးပြုသည်။

圧密沈下　*Atsumitsu chinka*

■土の粒と粒の間の水分が長い期間をかけて排出されることにより、地盤が沈下すること。

■ Land subsidence due to gradual soil moisture loss.

■固结沉降指经过长时间排出土粒间的水分，使地基下沉。

■ "Atsumitsu chinka" là việc nền đất bị sụt lún do thành phần nước trong đất bị mất dần đi trong thời gian dài.

■ Penurunan permukaan tanah akibat berkurangnya kandungan air di antara butiran tanah dalam waktu yang lama.

■ သိပ်သိပ်သည်းသည်းနစ်မြုပ်ခြင်းဆိုသည်မှာ မြေကြီးအစိုင်အခဲ တစ်ခုနှင့်တစ်ခုအကြားရှိရေဓါတ်ကို အချိန်ကြာကြာစုပ်ထုတ်စေခြင်းဖြင့် မြေပြင်ကနစ်မြုပ်လာခြင်းကို ဆိုလိုသည်။

液状化現象　*Ekijouka genshou*

■砂地盤に振動がかかることにより、砂粒が水中に浮かんでいるような状態となり、地盤全体が液体のようになってしまうこと。

■ Process in which sandy land becomes fluid (the state that sand grains float in the water) due to powerful vibration from an earthquake.

■液化现象指在振动作用下，砂土地基的砂粒浮至水中，地基整体呈现类似液体状态。

■ "Ekijyouka genshou" là hiện tượng nền đất bị hóa bùn(hóa lỏng nền)do chịu chấn động mạnh.

■ Proses berubahnya tanah secara keseluruhan menjadi bentuk cair karena kondisi terapungnya butiran pasir di air oleh getaran tanah pasir.

■ အရည်ပျော်ခြင်းဖြစ်စဉ်ဆိုသည်မှာ သဲမြေပြင်တုန်ခါခြင်းကြောင့် သဲမှုန်များရေထဲတွင်ပေါ်လောပေါ်နေသလို မျိုးအခြေအနေဖြစ်ပြီး မြေပြင်တစ်ခုလုံးအရည်ပျော်သွားသကဲ့သို့ဖြစ်သွားခြင်းကို ဆိုလိုသည်။

納まり *Osamari*

■部屋やスペースのレイアウトが、合理的かつ機能的であるように、建物の部材を配置し、調整すること。

■ The act of locating and arranging the components so that the building layout is made rational and functional.

■节点指通过对建筑物的构件进行配置、调整，使房间及空间布局合理且具有功能性。

■ "Osamari" là việc sắp xếp và điều chỉnh các kết cấu công trình sao cho sự bố trí phòng ốc cũng như không gian được hợp lý và đảm bảo về mặt cơ năng.

■ Alokasi dan pengaturan komponen untuk membuat tata letak bangunan menjadi rasional dan fungsional.

■ နေရာချခြင်းဆိုသည်မှာ အခန်းနှင့် နေရာလွတ်အပြင်အဆင်များသည် သဘာဝကျကျနှင့် လက်တွေ့ကျကျအသုံးဝင်ရန် အဆောက်အဦး၏ အပြင်အဆင်များကိုထားသိုပြီး သင့်တင့်အောင်ပြုလုပ်ခြင်းကို ဆိုလိုသည်။

根切り *Negiri*

■建物を建設するために、地面を掘ること。

■ The act of digging the ground to prepare for construction of a house or building.

■挖槽指为了建造建筑物而挖掘地面。

■ "Negiri" là việc đào móng để xây dựng công trình.

■ Penggalian tanah untuk persiapan konstruksi rumah atau bangunan.

■ တူးဖော်ခြင်းဆိုသည်မှာ အဆောက်အဦး ဆောက်လုပ်ရန်အတွက် မြေပြင်အားတူးဖော်ခြင်းကို ဆိုလိုသည်။

床付け *Tokozuke*

■掘削、基礎工事を水平に仕上げること。

■ The act of leveling and smoothing the ground surface to make a building foundation.

■整平指将挖掘、基础工程处理为水平状态。

■ "Tokozuke" là việc làm phẳng bề mặt móng của công trình.

■ Proses meratakan dan merapikan permukaan tanah untuk membangun fondasi.

■ ကြမ်းခင်းညှိခြင်းဆိုသည်မှာ တူးထားသောအပေါက်နှင့် အောက်ခြေအုတ်မြစ်ကို ရေပြင်ညီအဖြစ် အချော သတ်ခြင်းကို ဆိုလိုသည်။

ウェルポイント　*Weru pointo*

■地下水を吸い上げるために設置した井戸。真空ポンプを用いて水を吸い上げる。

■ A well which is dug for containing the underground water pumped up by the vacuum pump.

■井点指为了抽出地下水而设置的水井。使用真空泵抽水。

■ "Well point" là từ để chỉ giếng được bố trí để hút nước ngầm lên. Sử dụng máy bơm chân không để hút nước.

■ Penggalian sumur untuk memompa air bawah tanah. Air dipompa dengan pompa vakum.

■ မြေအောက်ရေတွင်းဆိုသည်မှာ မြေအောက်ရေများကိုစုပ်တင်ဖို့အတွက် တပ်ဆင်ထားသောရေတွင်းကို ဆိုလိုသည်။ လေစုပ်စက်ကိုအသုံးပြုပြီး ရေကိုစုပ်တင်သည်။

釜場　*Kamaba*

■掘削土の底に残った水を排除するために、ポンプを置く するために掘られた穴。

■ The hole in which a pump is set up to remove water stuck at the bottom of the foundation ground.

■集水坑指为了排出挖掘土底部留存的水，用于设置排水泵 而开掘的孔。

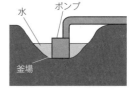

■ "Kamaba" là từ để chỉ vị trí hố đào để đặt máy bơm nhằm tiêu thoát nước đọng ở đáy của nền đất đã đào.

■ Lubang dalam pompa untuk membuang air yang terjebak di bawah fondasi tanah.

■ ဘွိုင်လာခန်းဆိုသည်မှာ တူးထားသောမြေကြီး၏ အောက်ခြေတွင် ကျန်ရှိနေသောရေများကို ဖယ်ရှားသည့် ရေစုပ်စက်အားထားရှိရန် တူးထားသောအပေါက်ကို ဆိုလိုသည်။

埋戻し　*Ume modoshi*

■地下工事を完了した後、建物の周囲に土を入れること。

■ The work of backfilling the foundation ground of a house or a building when all the underground works have been completed.

■回填指在完成地下工程后，向建筑物周围填入土。

■ "Ume modoshi" là việc lấp đất vào khu vực xung quanh công trình sau khi đã thi công xong các kết cấu dưới đất.

■ Proses penimbunan bekas galian pada fondasi bangunan atau rumah saat semua pengerjaan dalam tanah selesai.

■ ပြန်မြှုပ်ခြင်းဆိုသည်မှာ မြေအောက်ဆောက်လုပ်ရေး ပြီးမြောက် ပြီးနောက်၊ အဆောက်အဦးပတ်ပတ်လည်တွင် မြေကြီးများအား ထည့်သွင်းခြင်းကို ဆိုလိုသည်။

頭養生　*Atama youjou*

■掘削面の上部から雨水が入らないように、コンクリートやモルタル（砂利を含まない
コンクリート）を敷均すこと。

■ The work of spreading concrete or mortar (non-aggregate concrete) on the foundation ground
in order to prevent the infiltration of rainwater.

■表面养护指均匀铺设混凝土及灰浆（不含砂石的混凝土），防止从挖掘面上部进入雨水。

■ "Atama youjyou" là việc trải vữa và bê tông (hỗn hợp bê tông không có chứa đá sỏi)
để không bị nước mưa từ trên cao ngấm vào.

■ Proses pemberian plester (beton non campuran) di atas tanah fondasi untuk mencegah infiltrasi
air hujan.

■ မျက်နှာပြင်ထိပ်သိမ်းခြင်းဆိုသည်မှာ တူးထားသောမျက်နှာပြင်၏ အပေါ်ပိုင်းမှ မိုးရေမဝင်ရောက်အောင်
ကွန်ကရစ်နှင့် ဘိလပ်မြေ (ကျောက်စရစ်မပါဝင်သော ကွန်ကရစ်) ကို ညှိခင်းထားခြင်းကို ဆိုလိုသည်။

矢板　*Yaita*

■掘削した土が崩れないように差し込んだ木製や鋼製の板。
矢板が倒れないように腹起し、切梁、火打ちを設置する。

■ A sheet pile which is made of wood or steel, and forms a
retaining wall for holding back the soil surrounding the
foundation construction site.

切梁（火打ち）　腹起し

矢板

■板桩指为了防止挖掘土塌方而插入的木制板及钢制板。为
了防止板桩倾倒，需要设置支腰梁、支撑物、角撑。

■ "Yaita" là từ để chỉ những tấm ván làm bằng gỗ hoặc thép được dựng để ngăn việc
nền đất đã bị đào sụp lở.

■ Sheet pile adalah dinding penahan yang terbuat dari kayu atau baja untuk menahan tanah di
sekitar lokasi pembangunan konstruksi.

■ ပန့်ကပြားဆိုသည်မှာ တူးဖော်ထားသောမြေကြီးအား မပြိုကျ မပျက်စီးစေရန် သစ်သားဖြင့်ပြုလုပ်ထားသော
အပြား၊ စတီးဖြင့် ပြုလုပ်ထားသောအပြားကို ဆိုလိုသည်။ ပန့်ကပြားမပြိုလဲစေရန် ခါးစည်းခြင်း၊ ယက်မအား
ဖြတ်ထုတ်၍ မီးခတ်ပြီးတပ်ဆင်သည်။

鋼矢板　*Kou yaita*

■鋼製の矢板。「シートパイル」ともいう。木製の矢板は「木矢板（もくやいた）」という。

■ Sheet pile made of steel materials. Synonym: シートパイル / shi-to pairu/Sheet pile,
Derivatives: 木矢板 / Moku yaita / Wooden sheet pile.

■钢板桩指钢制板桩。也称作"板桩"。另外，木制板桩也称作"木板桩"。

■ "Kou yaita" là từ để chỉ những tấm ván làm bằng thép. "Kou yaita" còn được gọi là
"Shi-topairu"（シートパイル）.Tương tự, những tấm ván làm bằng gỗ được gọi là "Moku
yaita"（木矢板）.

■ Dinding penahan yang terbuat dari material baja. Sinonim: シートパイル /shi-to pairu/sheet
pile, Derifatif: 木矢板 /Moku yaita/dinding penahan yang terbuat dari kayu.

■ ပန့်က်ပြား(Pile) ဆိုသည်မှာ စတီးဖြင့်ပြုလုပ်ထားသောသံပြားကို ဆိုလိုသည်။ (Sheet Pile)ဟု လည်း ခေါ်ဆိုသည်။ ထို့ပြင် သစ်သားဖြင့်ပြုလုပ်ထားသောအပြားကို Wooden Pile ဟုခေါ်သည်။

たこ *Tako*

■ 土や砂利を突き固めるために使われる、木製の道具。

■ Wooden tool for beating the soil and the gravel so that the ground becomes hard and firm..

■ 夯具指用于夯实土或砂石的木制工具。

■ "Tako" là từ để chỉ một dụng cụ làm bằng gỗ được sử dụng để nén chặt đất và đá sỏi.

■ Perkakas dari kayu untuk "beating" tanah dan kerikil hingga menjadi keras dan padat.

■ အစိုးထိန်းကိရိယာဆိုသည်မှာ မြေကြီးနှင့်ကျောက်စရစ်များအား သိပ်သည်းကျစ်လစ်စေရန်အတွက် အသုံးပြုသော သစ်သားဖြင့် ပြုလုပ်ထားသည့် ကိရိယာကိုဆိုလိုသည်။

安定液 *Anteieki*

■ 地中に杭を打ち込む際、土砂が崩れてこないように杭内部に注入する液体。

■ Liquid substance poured into stakes which are driven into the ground, so as to hold back the surrounding soil.

■ 稳定液指在向地下打桩时，为了防止砂土塌方而注入桩内部的液体。

■ "Antei eki" là dung dịch được dùng để rót vào giữa các cọc nhằm tránh việc đất bị sạt lở khi tiến hành đóng cọc vào lòng đất.

■ Material cair yang dituangkan ke dalam timbunan yang kemudian didorong ke tanah, sehingga dapat menahan tanah.

■ တည်ငြိမ်စေသောအရည်ဆိုသည်မှာ မြေကြီးအတွင်းသို့ ပန့်က်တိုင်ရိုက်သွင်းစဉ် သဲမြေများပြိုကျမလာစေရန် ပန့်က်တိုင်အတွင်း သို့လောင်းထည့်သော အရည်ကိုဆိုလိုသည်။

枕 *Makura*

■ コンクリート製杭を打ち込む際に、ハンマーと杭との間に挟むもの。ハンマーによって杭材が傷まないようにすることが目的。

■ Tool which is interposed between the reinforced concrete column and the hammer to protect the column from being damaged.

■ 垫木指在打入混凝土桩时，夹在锤子与桩之间的物体。其目的是为了防止锤子损伤桩材。

■ "Makura" là vật được lót vào giữa cọc và búa khi tiến hành đóng cọc bê tông, mục đích là để tránh cho các cọc bị hư hại do tác động của búa.

■ Peralatan celah antara kolom beton dan palu untuk melindungi kolom tersebut dari kerusakan saat palu dipukulkan ke kolam beton.

■ ကြားခံဆိုသည်မှာ ကွန်ကရစ်ဖြင့်ပြုလုပ်ထားသော ပန့်က်တိုင်အား ရိုက်သွင်းရာတွင် တူနှင့်ပန့်က်တိုင်ကြားတွင် ညှပ်သောအရာကို ဆိုလိုသည်။ တူဖြင့် ပန့်က်တိုင်အား မနာကျင်စေရန် ရည်ရွယ်သည်။

基礎　*Kiso*

■建物を支える部分。直接基礎とは、地盤の上に直接建物を建設すること。杭基礎とは、地盤に打ち込んだ杭の上に建物を建設すること。

■ Foundations or footings of a building which support it and transfer its weight to the ground.
Derivatives: 直接基礎 / Chokusetsu kiso/Shallow foundations, open foundations or spread footing which are constructed relatively close to the ground level. 杭基礎 / Kui kiso/Individual footings which are used when the load of the building is supported by the columns.

■基础指支撑建筑物的部分。直接基础指在地基上直接建造建筑物，桩基础是在打入地基的桩上建造建筑物。

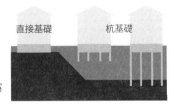

直接基礎　　杭基礎

■ "Kiso"(móng)là bộ phận nâng đỡ toàn bộ công trình.Theo đó, "Chokusetsu kiso"(直接基礎 – móng nông)là từ để chỉ việc công trình được xây dựng trực tiếp trên nền đất. "Kui kiso"(杭基礎 – móng sâu)là từ để chỉ việc công trình được xây trên những cọc chôn sâu dưới mặt đất.

■ Fondasi atau kaki bangunan untuk menyokong dan menahan beban bangunan terhadap tanah.
Derifatif: 直接基礎 / Chokusetsu Kiso/pondasi dangkal, pondasi terbuka atau kaki yang terbuka yang dibangun dekat dengan permukaan tanah. 杭基礎 / Kui Kiso/fondasi tunggal yang digunakan saat beban bangunan disokong oleh kolom.

■ ဖောင်ဒေးရှင်းဆိုသည်မှာ အဆောက်အဦးအားထောက်ခံထားသော အစိတ်အပိုင်းကိုဆိုလိုသည်။ တိုက်ရိုက်ဖောင်ဒေးရှင်းဆိုသည်မှာ မြေကြီးပေါ် တွင်တိုက်ရိုက် အဆောက်အဦးအား ဆောက်လုပ်ခြင်း။ တိုက်စိုက်ဖောင်ဒေးရှင်းဆိုသည်မှာ မြေပြင်သို့ရိုက်သွင်းထားသော ကွန်ကရစ်တိုင်(သို့မဟုတ်) အသားတိုင် အပေါ်မှ အဆောက်အဦးဆောက်လုပ်ခြင်း ကို ဆိုလိုသည်။

█ 1-2. 足場工事　*Ashiba koji*

Scaffolding ／ 脚手架工程 ／ Công tác giàn giáo ／ Penyangga ／ ြပံးေဆာက်လုပ်ေရး

足場、足場板　*Ashiba, Ashibaita*

■足場とは、建物を建設する際に作業者が乗る場所を指し、そこに設置した板を足場板という。

■ Scaffold on which the workers can climb and perform construction.
Derivatives: 足場板 / Ashiba ita/Working platform which is a part of the scaffold. A raised level surface where workers can stand and perform work.

■脚手架指作业者在建造建筑物时要站立的场所，上面设置的板称作脚手架板。

■ "Ashiba"(giàn giáo) là từ chỉ nơi người công nhân leo lên để tác nghiệp trong khi xây dựng công trình. Theo đó, "Ashiba ita" là tấm ván được dùng làm sàn công tác trên giàn giáo.

■ Penyangga tempat pekerja bisa memanjat dan melakukan konstruksi.
Derifatif: 足場板 / Ashiba ita/Papan kerja yang merupakan bagian dari papan penyangga. Sedikit lebih atas dimana pekerja bisa berdiri dan bekerja.

■ မြင်းဆိုသည်မှာ အဆောက်အဦးဆောက်လုပ်ချိန်တွင် အလုပ်သမားများသွားလာသည့်နေရာကို ရည်ညွှန်းပြီး ၎င်းနေရာတွင် တပ်ဆင်ထားသောပျဉ်ပြားကို မြင်းပျဉ်ပြားဟုခေါ်သည်။

吊り足場　*Tsuri ashiba*

■上部からつり下げて組んだ足場。通常の地面から組み上げる足場に比べて狭い範囲で設置することができる。

■ Hanging scaffold which can be used instead of the normal scaffolds for working in narrow spaces.

■悬挂脚手架指从上部悬挂组装的脚手架。与通常从地面组装的脚手架相比，可在狭窄范围内进行设置。

※1

■ "Tsuri ashiba"(giàn giáo treo)là giàn giáo được lắp đặt treo thả từ trên cao xuống phía dưới. So với giàn giáo thông thường được dựng trên mặt đất, giàn giáo treo có ưu điểm là có thể lắp đặt trong phạm vi hẹp.

■ Penyangga gantung dapat digunakan sebagai pengganti penyangga biasa untuk pekerjaan di ruangan sempit.

■ တွဲလောင်းမြင်းဆိုသည်မှာ အပေါ်မှတွဲလောင်းချ၍ တပ်ဆင်ထားသောမြင်းကိုဆိုလိုသည်။ ပုံမှန်အားဖြင့် မြေပြင်မှ အပေါ်သို့တပ်ဆင်ထားသောမြင်းနှင့်နှိုင်းယှဉ်ပါက နေရာကျဉ်းကျဉ်းတွင် တပ်ဆင်ခြင်း ပြုလုပ်နိုင်သည်။

移動式足場　*Idoushiki ashiba*

■足場の下部にキャスターがついており、自在に移動できるもの。

■ A movable scaffold. Small wheels are attached on feet to facilitate movement.

■移动式脚手架指在脚手架下部装有脚轮，可自由移动的脚手架。

■ "Idoushiki ashiba"(giàn giáo di động)là giàn giáo có thể di chuyển được một cách tự do nhờ có gắn bánh xe ở phía dưới.

■ Penyangga yang dapat dipindah. Terdapat roda kecil pada kaki penyangga agar mudah untuk digerakkan.

■ ပြောင်းရွှေ့၍ရသောမြင်းဆိုသည်မှာ မြင်း၏အောက်ခြေတွင်ဘီးပါရှိပြီး လွတ်လပ်စွာရွှေ့လျားနိုင်သော အရာကို ခေါ်သည်။

脚立足場　*Kyatatsu ashiba*

186

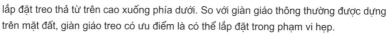

クランプ　*Kurampu*

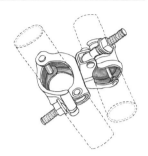

■スチールパイプとスチールパイプを接続するための道具。

■ Tool used for holding steel pipes together.

■夹具指用于连接钢管与钢管的工具。

■ "Clamp" là tên một dụng cụ để nối các ống thép lại với nhau.

■ Digunakan untuk menjepit pipa-pipa baja.

■ ကလစ်ဆိုသည်မှာ စတီးပိုက်တစ်ခုနှင့်တစ်ခုအား ချိတ်ဆက်ရန်အတွက် ကိရိယာကို ဆိုလိုသည်။

自在クランプ　*Jizai kurampu*

■スチールパイプを接合させるもののうち、スチールパイプの角度を自由に変えることのできるもの。角度が直角になっているクランプを「直交クランプ」という。

■ A tool which joins steel pipes and facilitates adjustment of the angle between pipes. Derivatives: 直交クランプ / Chokkou kurampu/Clamp which helps create a right angle (90-degree angle) between steel pipes.

■自由夹具指可自由改变钢管角度的连接钢管用夹具。角度构成直角的夹具称作"正交夹具"。

■ "Jizai Clamp" là dụng cụ giúp thay đổi góc tạo thành giữa các ống thép một cách tự do khi tiến hành lắp nối chúng. Kẹp nối giúp các ống thép vuông góc với nhau gọi là "Chokkou Clamp" (直交クランプ) .

■ Peralatan yang digunakan untuk menggabungkan pipa baja dan mengatur sudut antar pipa dengan bebas.

■ လွတ်လပ်စွာရွှေ့လျားနိုင်သောကလစ်ဆိုသည်မှာ စတီးပိုက်များကို ပေါင်းစည်းစေသော အရာများထဲမှ စတီးပိုက်၏ထောင့်အား လွတ်လပ်စွာ ပြောင်းလဲနိုင်စွမ်းရှိသော အရာကိုဆိုလိုသည်။ ထောင့်မှာ ထောင့်မှန်စတုဂံ ဖြစ်နေသောကလစ်ကို 【ဖြောင့်တန်းကလစ်】 ဟုခေါ်သည်။

仮設工事　*Kasetsu koji*

■建設工事を進める際に、一時的に建設する工作物。仮設足場、仮設道路、仮設ハウスなどを指す。

■ Temporary framework structures used to support a building during its construction. Synonyms: 仮設足場 / Kasetsu ashiba / Temporary scaffold, 仮設道路 / Kasetsu douro / Temporary road, 仮設ハウス / Kasetsu hausu / Temporary housing.

■临时工程指在进行建设工程时暂时建设的建造物。包括临时脚手架、临时道路、临时屋等。

■ "Kasetsu kouji" là từ để chỉ những kết cấu được lắp đặt tạm thời trong khi xây dựng công trình. "Kasetsu kouji" bao gồm giàn giáo, đường đi tạm hay nhà tạm.

■ Struktur penyangga sementara yang digunakan untuk menyangga bangunan selama konstruksi berlangsung. Sinonim: 仮設足場 / Kasetsu ashiba / Penyangga sementara, 仮設道路 / kasetsu douro / Jalan sementara, 仮設ハウス / Kasetsu hausu / Rumah sementara.

■ ယာယီဆောက်လုပ်ရေးဆိုသည်မှာ ဆောက်လုပ်ရေးလုပ်ငန်းကို ရှေ့ဆက်ချိန်တွင် ခေတ္တအားဖြင့် ဆောက်လုပ်ထားသော အဆောက်အအုံကို ဆိုလိုသည်။ ယာယီခြမ်း၊ ယာယီလမ်း၊ ယာယီအိမ် စသည်ကိုရည်ညွှန်း သည်။

朝顔 *Asagao*　　　　仮囲い *Karigakoi*

1-3. 測量・計測　*Sokuryo・Keisoku*

Surveying / Measurement ／ 测量、计量 ／ Công tác trắc địa và tính toán ／
Pengaturan & pengukuran ／ မြေတိုင်းခြင်း ၊ တိုင်းတာခြင်း

墨　*Sumi*

■建設中に建物の位置を示すためにマークすること。

■ Japanese ink used to mark the position of a building component.

■墨线指在建设中为了显示建筑物位置而进行标记。

■ "Sumi" là từ để chỉ việc đánh dấu để biểu thị vị trí của các kết cấu công trình trong quá trình xây dựng.

■ Tinta jepang digunakan untuk menandai posisi komponen bangunan.

■ မှင်ဆိုသည်မှာ အဆောက်အဦးဆောက်လုပ်နေစဉ်ကာလ အဆောက်အဦး၏တည်နေရာအား ညွှန်ပြရန် အတွက် အမှတ်အသားပြုလုပ်ခြင်းကိုဆိုလိုသည်။

地墨　*Jizumi*

■床にマークした建物の位置を示したもの。

■ Marks on the floor surface which show the position of a building component.

■地墨线指标记在地面上用来显示建筑物位置的墨线。

■ "Jizumi" là từ để chỉ ký hiệu biểu thị vị trí của các chi tiết được đánh dấu trên mặt sàn.

■ Tanda di permukaan lantai yang menunjukan posisi komponen bangunan.

■ မြေပြင်သုံးမှင်ဆိုသည်မှာ ကြမ်းပြင်တွင်မှတ်သားထားသည့် အဆောက်အဦး၏တည်နေရာကို ညွှန်ပြသော အရာဖြစ်သည်။

墨出し　*Sumidashi*

■墨を建物にマークするための行為。

■ The act of using Japanese ink to mark the position of a building component.

■施工放线指在建筑物上标记墨线。

■ Sumidashi" là hành động đánh dấu bằng mực lên các kết cấu công trình.

■ Tindakan menggunakan tinta jepang untuk menandai posisi komponen bangunan.

■ မှင်မှတ်သားခြင်းဆိုသည်မှာ မှင်ဖြင့် အဆောက်အဦးတွင်အမှတ်အသားပြုလုပ်ရန် ဆောင်ရွက်ခြင်းကို ဆိုလိုသည်။

墨を返す　*Sumi wo kaesu*

■建物や壁の中心となる位置を導き出すこと。

■ The act of using marks to derive the center lines of walls or other building components.

■返墨指找出建筑物及墙的中心位置。

■ "Sumi wo kaesu" là việc rút ra vị trí tâm điểm của kết cấu hay trục chính của tường.

■ Tindakan menemukan posisi titik pusat pada dinding atau bangunan.

■ sumi wo kaesu ဆိုသည်မှာ အဆောက်အဦးနှင့် နံရံတို့၏ အလယ်ဗဟိုဖြစ်သောတည်နေရာများညွှန်ပြခြင်း ကို ဆိုလိုသည်။

通り　*Toori*

■一直線になっている様子。通りが悪いとは、建物が一直線になっていないこと。通り を見るとは、建物が一直線になっていることを確認する行為。

■ State in which building components are mutually aligned. Derivatives: 通りが悪い / Toori ga warui/State in which building components are not mutually aligned. 通りを見る / Toori wo miru / The act of checking the alignment of building components.

■直线度指呈一条直线。直线度差指建筑物未呈一条直线。取直指确认建筑物是否呈直线。

■ "Toori" là từ để chỉ tình trạng thẳng hàng của các kết cấu công trình. Theo đó, "toori ga warui" (通りが悪い) là việc các kết cấu công trình không thẳng hàng. "Toori wo miru" (通りを見る) là việc xác nhận xem các kết cấu đã thẳng hàng hay chưa.

■ Keadaan saat semua komponen bangunan sejajar. Derifatif: 通りが悪い / Toori ga warui/ Keadaan saat komponen bangunan tidak sejajar. 通りを見る / Toori wo miru / Pengecekan kesejajaran komponen bangunan.

■ လမ်းဆိုသည်မှာ ဖြောင့်တန်းနေသောသင်္ကာန်ကို ဆိုလိုသည်။ လမ်း (toori) က ဆိုးရွားသည်ဆိုသည်မှာ အဆောက်အဦးမှာ ဖြောင့်တန်းမနေခြင်းဖြစ်သည်။ လမ်း(toori) ကိုကြည့်ခြင်းဆိုသည်မှာ အဆောက်အဦးမှာ ဖြောင့်တန်းနေခြင်း ရှိမရှိကို စစ်ဆေးအတည်ပြုသည့် ဆောင်ရွက်ခြင်းကို ဆိုလိုသည်။

矩　*Kane*

■直角のこと。　■ Right angle or perpendicular state.　■矩形指呈直角。

■ "Kane" là từ để chỉ sự vuông góc.　■ Sudut siku-siku atau tegak lurus.

■ အနားလေးနားပါရှိသော ထောင့်မှန်ကွက်ဆိုသည်မှာ ထောင့်မှန်ကို ဆိုလိုသည်။

返し勾配　*Kaeshi koubai*

■勾配が45度よりも大きいときに、その角度から45度を引いたもの。

■ Angle value after altering. If a gradient angle was greater than 45 degrees, deduct 45 from the original gradient angle.

■返坡度指当坡度大于45度时，从该角度减去45度后的坡度。

■ "Kaeshi koubai" là dụng cụ dùng để kéo trả về góc 45 độ khi góc tạo thành giữa hai chi tiết lớn hơn 45.

■ Sudut setelah perubahan. Jika sudut kemiringan lebih dari 45 derajat, kurangi 45 derajat dari sudut kemiringan sebenarnya untuk mendapatkan perubahan kemiringan.

■ ပြန်လည်ဆင်ခြေလျှောဆိုသည်မှာ ဆင်ခြေလျှောသည် 45 ဒီဂရီထက်ပို၍ ကြီးသောအခါတွင် ရင်းထောင့်မှ 45 ဒီဂရီကို နှုတ်သောအရာကို ဆိုလိုသည်။

転び　*Korobi*

■壁や建物が傾いている様子。

■ State in which a wall or other building component deviates from a vertical position.

■倾斜指墙壁及建筑物出现歪斜。

■ "Korobi" là từ để chỉ tình trạng tường, cột hay các kết cấu công trình bị nghiêng.

■ Keadaan saat dinding atau komponen bangunan lain menyimpang dari posisi vertikal.

■ လဲခြင်းဆိုသည်မှာ နံရံနှင့် အဆောက်အဦးတို့ ယိုင်စောင်းလာသော သက္ကန်ကို ဆိုလိုသည်။

面　*Men (Tsura)*

■木材やコンクリートの表面。

■ Surface of wooden boards or concrete.

■表面指木材及混凝土的表面。

■ "Men" hay "Tsura" là từ để chỉ bề mặt của bê tông hay mặt cắt của các chi tiết gỗ.

■ Permukaan papan kayu atau beton.

■ မျက်နှာပြင်ဆိုသည်မှာ သစ်သားနှင့် ကွန်ကရစ်တို့၏ မျက်နှာပြင်ကိုဆိုလိုသည်။

面一　*Tsura ichi*

■2つの部材を段差がないように仕上げること。面揃ともいう。

■ The act of making two building components the same height. Synonym: 面揃 / Menzoro / Flushing.

■水平面指将2个构件加工为同一平面。也称作对齐面。

■ "Tsura ichi" là việc làm cho hai chi tiết ngang bằng với nhau, không bị chênh lệch về độ cao. "Tsura ichi" còn có tên khác là "Menzoro" (面揃) .

■ Proses pembuatan 2 komponen bangunan supaya memiliki tinggi yang sama. Sinonim: 面揃 / Mennzoro / Flushing.

■ တပြေးညီဆိုသည်မှာ အရာဝတ္ထု ၂ ခုအား အနိမ့်အမြင့်ကွာခြားမှု မရှိစေရန် အချောသတ်ခြင်းကိုဆိုလိုသည်။ (menzoro) ဟုလည်း ခေါ်ဆိုသည်။

逃げ   *Nige*

■部材の狂いや、施工時の誤差をなくすために、あらかじめ部材間に小さな隙間をつくっておくこと。

■ The act of creating a small gap between building components beforehand in order to prevent deviation during construction.

■余量指为了消除构件弯曲及施工时的误差，事先在构件之间预留的小缝隙。

■ "Nige" là việc tạo sẵn một khe hở nhỏ ở giữa các kết cấu để tránh những sai sót trong khi thi công.

■ Proses pembuatan pemisah kecil antara komponen bangunan sebelumnya untuk mencegah penyimpangan selama konstruksi.

■ တိမ်းရှောင်ခြင်းဆိုသည်မှာ အစိတ်အပိုင်းများမှားယွင်းခြင်း နှင့် ဆောက်လုပ်စဉ် မှားယွင်းတွက်ချက်ခြင်းများ မရှိစေရန်၊ ကြိုတင်၍ အစိတ်အပိုင်းများအကြားတွင် သေးငယ်သောနေရာလွတ်များ ပြုလုပ်ထားခြင်းကို ဆိုလိုသည်။

逃げ墨   *Nigezumi*

■構造の中心や仕上げ面から距離が離れたところにマークすること。

■ Marks made at a particular position away from the center or the surface of building components.

■偏离墨线指在距离结构中心及加工面一定距离的位置进行标记。

■ "Nigezumi" là ký hiệu đánh dấu bằng mực ở nơi cách tâm điểm của kết cấu hoặc bề mặt công tác một cự ly nhất định.

■ Tanda yang dibuat di posisi tertentu dari pusat atau permukaan komponen bangunan.

■ တိမ်းရှောင်မှင်ဆိုသည်မှာ တည်ဆောက်ပုံ၏အလယ်ဗဟို နှင့် အချောသတ်ထားသောမျက်နှာပြင် အကွာအဝေးမှ ကွာဝေးသောနေရာ တွင် အမှတ်အသားပြုလုပ်ခြင်းကို ဆိုလိုသည်။

逃げ杭   *Nigegui*

■構造の中心や仕上げ面から距離が離れたところに打つ杭。

■ Stake driven into the ground at a particular position away from the center or the surface of building components.

■偏离桩指在距离结构中心及加工面一定距离的位置进行打桩。

■ "Nigegui" là khung giàn giáo được dựng cách ra so với tâm điểm của kết cấu hoặc bề mặt công tác một cự ly nhất định.

■ Tiang yang ditancapkan ke tanah di posisi tertentu dari pusat atau permukaan komponen bangunan.

■ တိမ်းရှောင်ပန္နက်တိုင်ဆိုသည်မှာ တည်ဆောက်ပုံ၏အလယ်ဗဟို နှင့် အချောသတ်ထားသောမျက်နှာပြင် အကွာအဝေးမှ ကွာဝေးသောနေရာ တွင် ရိုက်သွင်းသောပန္နက်တိုင်ကို ဆိုလိုသည်။

差し金　*Sashigane*　　コンベックス（スケール）
Konbekkusu (Suke-ru)

下げ振り　*Sagefuri*

■鉛直度を測定するために用いる測定器。ロープに取り付けるコーン状の重りがついている。

■ A surveying instrument with corn shape weight attached to rope for checking verticality.

■铅锤指用于测量垂直度的测量仪器。绳上装有圆锥状重物。

■ "Sagefuri" là dụng cụ đo dùng để xác định phương thẳng đứng, cấu tạo có một vật nặng hình nón gắn ở đầu một sợi dây.

■ Instrumen dengan bentuk kerucut yang melekat pada lope untuk mengecek keadaan vertikalitas.

■ ဆွဲသီးဆိုသည်မှာ ထောင့်မှန်ဒီဂရီကို တိုင်းတာရန်သုံးသော တိုင်းတာပစ္စည်းကိုဆိုလိုသည်။ ကြိုးတွင် ချိတ်ဆွဲထားသော ကတော့ပုံသဏ္ဍာန်ချိန်သီး ပါရှိသည်။

トランシット　*Toranshitto*

■角度を測定する測定器。水平または垂直の角度を測定するための望遠鏡からなる。

■ A surveying instrument with a telescope for measuring vertical and horizontal angles.

■经纬仪指用于测量角度的测量仪器。由用于测量水平或垂直角度的望远镜构成。

■ "Transit"（ máy kinh vĩ) là một thiết bị đo góc có cấu tạo gồm kính viễn vọng cho phép đo lường các góc theo phương ngang hoặc phương thẳng đứng.

※2

■ Instrumen dengan teleskop untuk mengukur sudut vertikal dan horizontal.

■ Transit ဆိုသည်မှာ ထောင့်ကိုတိုင်းတာသော တိုင်းတာရေး ကိရိယာကို ဆိုလိုသည်။ ရေပြင်ညီနှင့် အထက်အောက်ထောင်လိုက်၏ ထောင့်ကိုတိုင်းတာရန် အဝေးကြည့်မှန်ပြောင်းမှ ဖြစ်ပေါ်လာသည်။

レベル　*Reberu*

■水平度を測定する測定器。水平度を測定するための望遠鏡からなる。

■ A surveying instrument with a telescope for checking points in the same horizontal plane and for measuring horizontal angles.

■水平仪指用于测量水平度的测量仪器。由用于测量水平度的望远镜构成。

■ "Level"(máy thủy chuẩn)là một thiết bị đo có gắn kính viễn vọng, được sử dụng để xác định góc theo phương ngang.

■ Instrumen berupa teleskop untuk mengecek poin pada bidang horizontal dan mengukur sudut horizontal.

■ ရေပြင်ညီတိုင်းကိရိယာဆိုသည်မှာ ရေပြင်ညီဒီဂရီအား တိုင်းတာသော တိုင်းတာစက်ကို ဆိုလိုသည်။ ရေပြင်ညီဒီဂရီအား တိုင်းတာသော အဝေးကြည့်မှန်ပြောင်းမှ ဖြစ်ပေါ်လာသည်။

オートレベル　*O-to reberu*

■水平度を測るレベルのうち、自動的に水平にセッティングしてくれるもの。

■ A type of leveling equipment which automatically sets a horizontal line of collimation for measuring horizontal angles.

■自动水平仪指可进行自动水平设置的水平度测量用水平仪。

■ Trong số những máy thủy chuẩn dùng để đo góc theo phương ngang, "Auto level"(máy thủy chuẩn tự động)là thiết bị được cài đặt tính năng cân bằng tự động.

■ Jenis peralatan Level yang secara otomatis mengatur garis horizontal untuk mengukur sudut horizontal.

■ အော်တိုရေချိန် (Auto Level) ဆိုသည်မှာ ရေပြင်ညီဒီဂရီတိုင်းတာညှိခြင်းများ ထဲတွင်အလိုအလျောက် ရေပြင်ညီဆက်တင်ကို ပြုလုပ်ပေးသောအရာကို ဆိုလိုသည်။

ばか棒　*Bakabou*

■一定の長さを測定するために使用する棒。その都度、測定器を使用しないので誰でも距離を測定することができる。

■ A tool which is created to ensure that any person is capable of proper measurement for a certain length (the length of the rod).

■测长杆指用于测量一定长度的杆。无需使用测量仪器，任何人均可测量距离。

■ "Bakabou" là cây gậy dùng để đo một độ dài nhất định.

■ Batang yang digunakan untuk mengukur suatu panjang yang tetap. Peralatan yang dibuat untuk memastikan bahwa setiap orang mampu untuk melakukan pengukuran yang tepat untuk panjang tertentu. Karena tidak menggunakan alat pengukur setiap kali.

■ တိုင်းထွာတုတ်ချောင်းဆိုသည်မှာ တသမတ်တည်းဖြစ်သော အရှည်ပမာဏကိုတိုင်းတာရာတွင် အသုံးပြုသော တုတ်ချောင်းကို ဆိုလိုသည်။ ဒီဂရီ၊ တိုင်းတာစက်များကို အသုံးမပြုသောကြောင့် မည်သူမဆို အကွာအဝေး တိုင်းထွာခြင်းကို ပြုလုပ်နိုင်သည်။

2. 躯体 (*Kutai*)

Framework ／ 主体结构 ／ Khung kết cấu ／ Rangka ／ ဘောင်ကိုယ်ထည်

2-1. 木造躯体　*Mokuzou kutai*

Wooden frame ／ 木制主体结构 ／ Khung kết cấu bằng vật liệu gỗ ／
Rangka Kayu ／ သစ်သားဘောင်ကိုယ်ထည်

化粧材　*Keshouzai*

■表面が見える箇所に用いる木材。　■ Wooden decorating components.

■装饰材料指在表面的可见部位使用的木材。

■ "Keshouzai" là những vật liệu bằng gỗ được sử dụng để trang trí ở những điểm mà
có thể nhìn thấy được mặt ngoài.

■ Komponen-komponen yang berbahan kayu dengan permukaan yang dapat dilihat.

■ လျှာထိုးဆိုသည်မှာ မျက်နှာပြင်အား မြင်ရသောနေရာတွင် အသုံးပြုသော သစ်သားကိုဆိုလိုသည်။

桁・軒桁　*Keta・Nokigeta*

■木造建築で、屋根荷重を柱に伝える部材のこと。

■ Parts which transfer the load of the roof to the column in
wooden structures.

■横梁、檐梁指在木制建筑中将屋顶负载传向柱子的构件。

■ "Keta" hay "Nokigeta" là từ để chỉ những chi tiết
truyền tải trọng lượng của mái nhà đến các cột trong
các kiến trúc bằng gỗ.

■ Bagian yang menyalurkan beban dari atap ke kolom pada struktur kayu.

■ တံစက်မြိတ်ဆိုသည်မှာ သစ်သားအဆောက်အဦးတွင် ခေါင်မိုး၏ အလေးချိန်ကို တိုင်ဖြင့်
ထောက်ခံထားသော နေရာအစိတ်အပိုင်းကို ဆိုလိုသည်။

※3

軒桁

胴縁　*Doubuchi*

■壁を取付ける際の内側に入れる部材。

■ Wooden components which are inserted inside walls to
create framing in a wooden-frame Japanese-style house.

■横向加固构件指安装墙时放入内侧的构件。

■ "Dou buchi" là vật liệu được gắn vào phía trong khi
dựng tường của công trình.

■ Komponen kayu yang dimasukkan ke dalam tembok
untuk membuat susunan pada rangka kayu.

■ ဘောင်ဆိုသည်မှာ နံရံတပ်ဆင်သည့်အခါ အတွင်းဘက်တွင် ထည့်ရသော အစိတ်အပိုင်းကို ဆိုလိုသည်။

胴縁（横胴縁）

※4

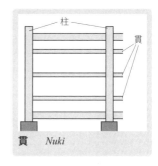

貫 *Nuki*

まぐさ　*Magusa*

■木造建築において、窓の上部の荷重を支える部材。

■ Parts of the window which help support the upper load in wooden structures.

■过梁指木制建筑中支撑窗户上部负载的构件。

■ "Magusa" là chi tiết chống đỡ sức nặng phần phía trên của cửa sổ trong các kiến trúc bằng gỗ.

■ Bagian dari jendela yang membantu menyangga beban atas pada struktur kayu.

■ ထုတ်တန်း ဆိုသည်မှာ သစ်သားဖြင့်ဆောက်လုပ်ခြင်းတွင် ပြတင်းပေါက်၏အပေါ် ဘက်အလေးချိန်ကို ထောက်ခံသော အစိတ်အပိုင်းကို ဆိုလိုသည်။

石膏ボード　*Sekkou bo-do*

■芯に石膏をいれ、その両面と側面を紙で覆った板。

■ A board made of plaster set between two sheets of paper. Used especially to form or line the inner walls of houses.

■石膏板指芯部放入石膏，两面及侧面覆盖纸的板。

■ "Sekkou board"(ván thạch cao)là vật liệu dạng tấm được tạo ra bằng cách đổ thạch cao vào giữa hai bề mặt bằng giấy.

■ Papan yang terbuat dari plaster dengan diselubungi kertas di permukaan depan-belakang dan samping.

■ ပလတ်စတာပြားဆိုသည်မှာ အလယ်တွင် ပလတ်စတာထည့်ပြီး၊ ၎င်းမျက်နာပြင်နှစ်ဖက်နှင့် ဘေးဘက်မျက်နှာပြင်အား စက္ကူဖြင့် ဖုံးအုပ်ထားသော သစ်သားကိုဆိုလိုသည်။

セットバック　*Setto bakku*

■敷地境界線、道路境界線などがら離れて建物を建てること。

■ When erecting a building, having the distance of separation from the property line, road, etc.

■缩退指在离开用地边界线、道路边界线等处建造建筑物。

■ "Setback" là việc xây dựng công trình lui vào so với mặt bằng hoặc mặt đường.

■ Ketika mendirikan bangunan, terdapat jarak pemisah dari garis properti, jalan, dll.

■ နေရာချန်ခြင်းဆိုသည်မှာ မြေနေရာနယ်နိမိတ်မျဉ်း၊ လမ်းနယ်နိမိတ်မျဉ်း စသည်တို့မှခွာ၍ အဆောက်အဦးအား ဆောက်လုပ်ခြင်းကို ဆိုလိုသည်။

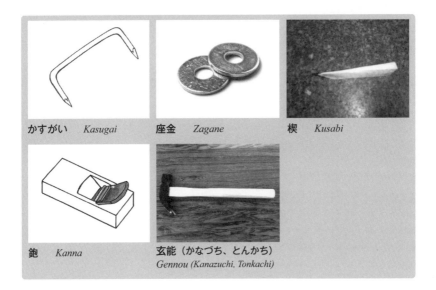

かすがい *Kasugai*　座金 *Zagane*　楔 *Kusabi*

鉋 *Kanna*　玄能（かなづち、とんかち）
Gennou (Kanazuchi, Tonkachi)

桟木　*Sangi*

■3 ～ 4m の長さで 25 × 50mm の木材。

■ Wooden material with a length of 3 to 4 meters, a height of 25mm, and a width of 50mm.

■棱木指长度为 3 ～ 4 米的 25×50 毫米方木。

■ "Sangi" là những thanh gỗ to cỡ 25 × 50cm và có chiều dài từ 3 đến 4 mét.

■ Material kayu dengan panjang 3-4meter, tinggi 25mm, lebar 50mm.

■ ချွပ်တန်းဆိုသည်မှာ 3 ～ 4 မီတာအရှည်ရှိပြီး 25 × 50 မီလီမီတာရှိသော သစ်သားကို ရည်ညွှန်းသည်။

掛矢　*Kakeya*

■大型のかなづち。木材と木材を接合させたり、木製の杭を打ち込む際に用いる。

■ Tool resembling a big hammer. Used for driving wooden stakes into the ground, or hitting to combine wooden components.

■大木槌指大型锤子。用于连接木材或打入木桩。

■ "Kakeya" là từ để chỉ một loại búa lớn được sử dụng khi đóng các cọc bằng gỗ hoặc lắp ghép các chi tiết gỗ với nhau.

■ Alat berbentuk seperti palu besar. Digunakan untuk memalu tongkat kayu ke dalam tanah, atau untuk menggabungkan komponen kayu dengan kayu.

■ တင်းပုတ်ဆိုသည်မှာ တူအကြီးစားကိုဆိုလိုသည်။ သစ်သား တစ်ခုနှင့်တစ်ခုအား ပေါင်းစည်းစေသည့်အခါမျိုး၊ သစ်သားပန္နက်တိုင်အား ထုရိုက်သောအခါမျိုးတွင် အသုံးပြုသည်။

2-2. コンクリート躯体　*Konkuri-to kutai*

Concrete frame ／ 混凝土主体结构 ／ Khung kết cấu bằng bê tông ／ Rangka beton ／ ကွန်ကရစ်ဘောင်ကိုယ်ထည်

コンパネ　*Kompane (konkuri-to paneru)*

■コンクリートパネルの略語。サイズは 900 × 1800mm。コンパネを組み合わせ、その中にコンクリートを流し込む。その後、コンクリートが硬化したら、コンパネは解体する。

■ Abbreviation of the phrase “concrete panels,” which are temporary structures used as molds for when pouring concrete. The concrete panels are disassembled when concrete hardens. 900 × 1800 (mm) in size.

■混板是混凝土面板的略称。尺寸为 900×1800 毫米。组合混板后向其中注入混凝土。然后，混凝土硬化时后拆下混板。

■ “Kompane” là rút gọn của “Concrete panel”(コンクリートパネル). “Kompane” là khuôn đúc bê tông, thường có kích cỡ 900 × 1800 mét. Sau khi lắp đặt khuôn thì tiến hành đổ hỗn hợp bê tông vào, đến khi bê tông đã đông cứng lại thì tiến hành tháo dỡ khuôn.

■ Singkatan dari "Konkuri-to paneru" (Panel beton), adalah struktur sementara yang digunakan sebagai cetakan ketika menuangkan beton. Cetakan rangka beton tersebut kemudian dibongkar ketika beton mengeras. Ukuran 900x1800 (mm).

■ ကွန်ကရစ်ဘောင်ကွက် (kon pane) ဆိုသည်မှာ Concrete Panel ၏အတိုကောက်ဖြစ်သည်။ အရွယ်အစားမှာ 900 × 1800 မီလီမီတာ။ ကွန်ကရစ်ဘောင်အား တပ်ဆင်သည့်အခါ ၎င်း၏အတွင်းတွင် ကွန်ကရစ်အား လောင်းထည့်သည်။ ထို့နောက် ကွန်ကရစ်များ ကျဆင်းသွားပြီးနောက်တွင် ကွန်ကရစ်ဘောင်ကွက်များအား ဖယ်ထုတ်သည်။

粗骨材　*Sokotsuzai*

■コンクリートの材料の一部で、20 ～ 40mm 程度の石。

■ The coarse aggregate in concrete. Includes pieces of broken or crushed stone or gravel with a diameter of 20mm to 40mm.

■粗骨料是混凝土材料的一部分，指直径 20-40mm 左右的石块。

■ “Sokotsuzai” (cốt liệu thô) là một thành phần trong bê tông, được cấu thành từ đá sỏi có kích thước khoảng từ 20 đến 40cm.

■ Salah satu material pada beton. Yang berupa bongkahan batu dengan diameter 20mm-40mm.

■ ကျောက်ခဲအကြမ်းတုံး ဆိုသည်မှာ ကွန်ကရစ်၏ကုန်ကြမ်းများထဲမှ တစ်ခုဖြစ်ပြီး 20 – 40 မီလီမီတာရှိသော ကျောက်တုံးကိုဆိုလိုသည်။

細骨材　*Saikotsuzai*

■コンクリートの材料の一部の砂のこと。

■ The fine aggregate in concrete. Includes sand and small pieces of crushed gravel.

■细骨料指混凝土材料中的部分沙子。

■ "Saikotsuzai"（ cốt liệu mịn ）là cát được sử dụng làm vật liệu cấu thành nên bê tông.

■ Salah satu material pada beton. Yang berupa pasir.

■ sai kotsu zai ဆိုသည်မှာ ကွန်ကရစ်ကုန်ကြမ်းများထဲမှ တစ်ခုဖြစ်သောသဲကိုဆိုလိုသည်။

AE コンクリート　*E-i-konkuri-to*

■まだ固まらないコンクリート中に空気の粒を発生させることで、打ち込みやすくしたコンクリート。AE は Air Entraining の略。

■ A high-workability type of concrete with microscopic air bubbles created inside during the mixing process. AE is abbreviation for Air Entraining.

■ AE(Air Entraining 的略称）混凝土是指使尚未凝固的混凝土中产生小气泡，易于灌注的混凝土。

■ "AE-concrete"（ bê tông xốp ）là một loại bê tông dễ dàng thi công nhờ có các bọt khí phát sinh bên trong hỗn hợp bê tông khi chưa đông cứng.

■ Beton AE adalah jenis beton dengan memasukkan lubang udara kecil sebelum beton mengeras agar mudah dibentuk. AE adalah singkatan dari Air Entraining (masuknya udara).

■ AE (Air Entraining ၏အတိုကောက်) ကွန်ကရစ်ဆိုသည်မှာ မမာကျောသေးသောကွန်ကရစ်အတွင်းတွင် လေပူဖောင်းများ ဖြစ်ပေါ်စေခြင်းဖြင့် ထုရိုက်ရလွယ်ကူရန်ပြုလုပ်ထားသော ကွန်ကရစ်ကို ဆိုလိုသည်။

AE 剤　*E-i-zai*

■まだ固まらないコンクリート中に空気の粒を発生させるための薬剤。

■ Substance for creating microscopic air bubbles inside the concrete mix.

■ AE 剂是指用于使尚未凝固的混凝土中产生小气泡的药剂。

■ "AE-zai" là hóa chất dùng để tạo ra các bọt khí trong hỗn hợp bê tông khi chưa đông cứng.

■ Zat untuk membuat lubang udara kecil di dalam beton sebelum beton mengeras.

■ AE ဆေးဆိုသည်မှာ မမာကျောသေးသောကွန်ကရစ်အတွင်းတွင် လေပူဖောင်းများဖြစ်ပေါ် အောင် ပြုလုပ် သော ဆေးဝါးကိုဆိုလိုသည်။

アルカリ骨材反応　*Arukari kotsuzai hannou*

■砂、砂利とセメントが反応することで、コンクリートのひび割れを引き起こす反応。

■ Reaction between alkaline cement paste and non-crystalline silicon dioxide found in many common aggregates. It can cause the expansion of the altered aggregate, leading to spalling and loss of concrete.

■碱性骨料反应是指沙子、砂石与水泥发生反应后，混凝土出现裂纹的反应。

- "Alkali kotsuzai hannou" là phản ứng xảy ra giữa cát, đá sỏi và xi măng. Phản ứng này gây ra hiện tượng bê tông dần dần bị nứt vỡ.
- Reaksi antara pasir, kerikil, dan semen yang akan menyebabkan keretakkan pada beton.
- အယ်လကာလီ စုပေါင်းတုန့်ပြန်ခြင်းဆိုသည်မှာ သဲ၊ ကျောက်စရစ် နှင့် ဘိလပ်မြေတို့၏တုံ့ပြန်ခြင်းကြောင့် ကွန်ကရစ်အက်ကွဲခြင်းအား ဖြစ်ပေါ်စေသော တုံ့ပြန်ခြင်းကိုဆိုလိုသည်။

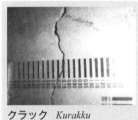

クラック *Kurakku*

コールドジョイント　*Ko-rudo jointo*

- 先に打ち込まれたコンクリートの上に、後からコンクリートを打ち込む際に、その間にできる接触面。
- Contiguous surface where two separately-poured concrete boards touch each other.
- 冷缝指在先灌注的混凝土上后灌注混凝土時，两者之间出現的接触面。
- "Cold joint" là từ chỉ bề mặt tiếp xúc được hình thành khi đổ bê tông lên trên khối bê tông đã đổ xong trước đó
- Permukaan persinggungan yang ada di antara dua beton yang dituangkan terpisah saling menyentuh satu sama lain.
- အေးသောအဆက်နေရာ ဆိုသည်မှာ ဦးစွာပုံလောင်းခံရသော ကွန်ကရစ်၏ အပေါ်မှ နောက်ထပ် ကွန်ကရစ်အား ပုံလောင်းသည့်အခါ ၎င်းတို့ကြားတွင် ဖြစ်ပေါ်လာသော ထိစပ်သည့်မျက်နှာပြင်ကို ဆိုလိုသည်။

ジャンカ　*Janka*

- コンクリート表面に、コンクリートが充填されていない状態。あばたともいう。
- Segregation in which the constituent ingredients of concrete separate from each other and fall apart.
- 蜂窝指在混凝土表面未填充混凝土的状态。也称作麻子。
- "Janka" là hiện tượng bê-tông không được lấp đầy. "Janka" cũng được gọi là "Abata"（あばた）.
- Kondisi tidak terisinya beton pada permukaan beton. Disebut juga abata.
- မျက်နှာပြင်ကြမ်းတင်းခြင်းဆိုသည်မှာ ကွန်ကရစ်မျက်နှာပြင်တွင် ကွန်ကရစ်များက ပြည့်သိပ်နေခြင်းမရှိသည့် အခြေအနေကိုဆိုလိုသည်။ (abata) ဟုလည်းခေါ်သည်။

ワーカビリティ *Wa-kabirithi*

■コンクリートの打ち込みやすさの程度。

■ The capability of concrete to be easily worked or manipulated.

■加工性能指混凝土的灌注难易程度。

■ “Workability” là từ chỉ mức độ dễ dàng công tác của bê tông.

■ Kemampuan beton untuk memudahkan beton tersebut untuk dikerjakan.

■ လုပ်ငန်းအဆင်ပြေလွယ်ကူခြင်း ဆိုသည်မှာ ကွန်ကရစ် လောင်းထည့်ရလွယ်ကူသော အနေအထားကိုဆိုလိုသည်။

斫り *Hatsuri*

■コンクリートをノミなどの特殊なツールを使って、不要な部分を削除すること。

■ The act of using special tools such as chisels or gouges in order to remove unnecessary parts on the surface of concrete.

■刮削指使用凿子等特殊工具去除混凝土中的多余部分。

■ “Hatsuri” là việc sử dụng những dụng cụ chuyên dùng như đục để loại bỏ những phần không cần thiết trên khối bê tông.

■ Pekerjaan yang menggunakan peralatan tertentu seperti pemahat untuk menghilangkan bagian yang tidak diperlukan pada permukaan beton.

■ ဖဲ့ခြင်းဆိုသည်မှာ ကွန်ကရစ်အားဆောက်စသည့် အထူးကိရိယာများအား အသုံးပြုပြီး မလိုအပ်သော နေရာများအား ဖျက်ထုတ်ခြင်းကို ဆိုလိုသည်။

レイタンス *Reitansu*

■コンクリート表面に浮かんだモルタル不純物の薄層。レイタンスを削除するために、金属ブラシや高圧水を使用する。

■ A thin layer of mortar that rises up onto the surface of concrete. It is usually removed by metal brushes or high pressure cleaners.

■浮浆膜皮指混凝土表面漂浮的灰浆杂质薄层。使用金属刷及高压水可除去浮浆膜皮。

■ “Laitance” là lớp vữa mỏng tách ra và nổi lên trên bề mặt hỗn hợp bê tông. Để loại bỏ lớp vữa này, người ta sử dụng bàn chải bằng kim loại hoặc nước ở áp suất cao.

■ Lapisan tipis kotoran mortal yang muncul pada permukaan beton. Lapisan tersebut selalu dihilangkan dengan sikat logam atau air bertekanan tinggi.

■ ဖုံးအုပ်နေခြင်းဆိုသည်မှာ ကွန်ကရစ်မျက်နှာပြင်တွင် ပေါ်လောပေါ်နေသော အင်္ဂတေမပါဝင်သည့် အလွှာပါးကို ဆိုလိုသည်။ ဖုံးအုပ်နေခြင်းအား ဖယ်ရှားရန်အတွက် သတ္တုဘရပ်ရှ် (brush) နှင့် ဖိအားမြင့်ရေကို အသုံးပြုသည်။

ケレン   *Keren*

■床または壁のような建築物の表面を、平らにするために研磨、清掃すること。

■ The act of rubbing, polishing and cleaning architectural components like walls or floors so that their surface becomes flat and smooth.

■刮擦指对地面或墙壁等建築物表面进行研磨、清扫，以保持平整。

■ "Keren" là từ dùng để chỉ việc chà giũa sao cho bề mặt của các chi tiết kiến trúc như sàn hoặc tường trở nên bằng phẳng.

■ Pekerjaan menggosok dan membersihkan komponen arsitektur seperti tembok atau lantai hingga permukaannya menjadi halus dan datar.

■ သန့်ရှင်းရေးဆိုသည်မှာ ကြမ်းပြင် သို့မဟုတ် နံရံကဲ့သို့ အဆောက်အဦး၏မျက်နှာပြင်အား ညီညာအောင် ပြုလုပ်အရောင်တင်ပြီး သန့်ရှင်းရေးပြုလုပ်ခြင်းကိုဆိုလိုသည်။

スランプ   *Surampu*

■まだ固まらないコンクリートの柔らかさを示す数値。

■ Indicator showing the softness of concrete before hardening.

■坍落度指显示尚未凝固的混凝土柔软度的数值。

■ "Slump" là từ chỉ độ sụt của bê-tông.

■ Indikator yang menunjukan kehalusan beton sebelum mengeras.

■ ကျဆင်းခြင်းဆိုသည်မှာ မမာကျောသေးသောကွန်ကရစ်၏ ပျော့ပျောင်းမှုအားဖော်ပြသော ကိန်းဂဏန်းကို ရည်ညွှန်းသည်။

打設   *Dasetsu*

■コンクリートを型枠内に流し込むこと。

■ Action of pouring concrete mix into the mold.

■浇注指将混凝土灌入模板内。

■ "Dasetsu"(đổ bê tông)là việc tiến hành cho bê tông chảy vào bên trong cốp pha.

■ Pekerjaan menuangkan campuran beton ke dalam cetakan.

■ ဖြည့်သိပ်ခြင်းဆိုသည်မှာ ကွန်ကရစ်အား ပုံစံခွက်ထဲသို့ လောင်းထည့်ခြင်းကို ဆိုလိုသည်။

構造体コンクリート   *Kouzoutai Konkuri-to*

■建物を支える主要なコンクリート部材。

■ Concrete components which play an important role in supporting the building.

■结构体混凝土指支撑建筑物的主要混凝土构件。

■ "Kouzoutai Concrete" là từ để chỉ kết cấu bê tông chủ yếu nâng đỡ công trình.

■ Komponen beton yang memainkan peranan penting dalam menyangga bangunan.

■ ပုံလောင်းထားသောကွန်ကရစ်တိုင် ဆိုသည်မှာ အဆောက်အဦးအား ထောက်ပံ့ပေးသည့် အရေးပါသောကွန်ကရစ်ကို ဆိုလိုသည်။

ハッキング *Hakkingu*

■鉄筋と鉄筋を連結すること。ハッキングする道具を「ハッカー」という。

■ The act of combining or joining steel bars together. Derivative: ハッカー / hakka- / A tool for joining the steel bars together.

■扎钢筋指将钢筋相互连接。扎钢筋用工具称作“钢筋扎钩”。

■ “Hacking” là việc nối tiếp các thanh thép với nhau. Dụng cụ dùng để nối gọi là “Hakka-”(ハッカー).

■ Pekerjaan mengkombinasi atau menggabungkan bars bersama. Derifatif: ハッカー / Hakka-/ Peralatan untuk mengabungkan bar bersama.

■ ကွေးခြင်း (Hacking) ဆိုသည်မှာ သံထည်တစ်ခုနှင့်တစ်ခု ချိတ်ဆက်ခြင်းကိုဆိုလိုသည်။ ကွေးစေသည့်ကိရိယာအား Hacker ဟုခေါ်သည်။

いってこい *Itte koi*

■物事を往復させること。

■ The act of causing something to travel forward and back again (roundtrip).

■往复指使事物反复。■ “Itte koi” là từ để chỉ việc đi rồi quay lại.

■ Pekerjaan yang menyebabkan sesuatu untuk berpindah ke depan dan belakang lagi (bolak balik).

■ itte koi ဆိုသည်မှာ အကြောင်းကိစ္စများအား အသွားအပြန် ပြုလုပ်နိုင်းခြင်းကို ဆိုလိုသည်။

型枠 *Katawaku*

■コンクリートを流し込むための空間。コンクリートを流し込み、硬化後、型枠は解体する。

■ Temporary framework into which concrete is poured. It is disassembled after concrete is poured and hardened.

■模板指用于浇注混凝土的空间。混凝土灌入并硬化后，拆下模板。

■ “Katawaku” là từ để chỉ không gian dùng để đổ bê tông. Sau khi bê tông đã đông cứng lại thì tiến hành tháo dỡ “Katawaku”.

■ Rangka sementara pada tempat penuangan beton. Cetakan tersebut dibongkar setelah beton mengeras.

■ ပုံစံခွက်ဘောင်ဆိုသည်မှာ ကွန်ကရစ်အား လောင်းချရန်နေရာလပ်ကို ရည်ညွှန်းသည်။ ကွန်ကရစ်ကို လောင်းချပြီး မာကျောပြီးနောက်တွင် ပုံစံခွက်ဘောင်အားဖယ်ရှားသည်။

脱型 *Dakkei*

■必要な強度に達したコンクリートから型枠を外すこと。

■ The act of disassembling the concrete framework when the concrete has hardened sufficiently.

■脱模指将模板从达到必要强度的混凝土上拆下。

- "Dakkei" là việc tháo dỡ khuôn khi bê tông đã đạt tới độ bền cần thiết.
- Proses pembongkaran rangka beton ketika beton mencapai tingkat kekerasan yang diperlukan.
- ပုံစံခွက်ခွါခြင်းဆိုသည်မှာ လိုအပ်သောမာကျောမှုသို့ ရောက်ရှိလာသော ကွန်ကရစ်မှ ပုံစံခွက်ဘောင်အား ခွာထုတ်ခြင်းကို ဆိုလိုသည်။

せき板　*Seki ita*

- 型枠材料のこと。コンパネで構成される。
- Synonym of 型枠 / katawaku. A temporary framework made by combining concrete panels.
- 模板材料。由混板构成。
- "Seki ita" là cốp pha dùng để đổ bê tông. "Seki ita" được cấu thành bằng nhiều khuôn đúc bê tông hay "Kompane".
- Material cetakan yang terbuat dari panel beton.
- ပုံစံရိုက်ရန်သုံးသောအပြား။ ကွန်ကရစ်ဘောင်ကွက်များဖြင့် ဖွဲ့စည်းထားသည်။

寒中コンクリート　*Kanchuu Konkuri-to*

- 外気温が低いときに特別な配慮をしてコンクリートを打設すること。外気温が高いときには、「暑中コンクリート」という。
- The performance of concrete works with precautions to ensure that the concrete is not damaged or adversely affected by cold weather conditions. Derivative: 暑中コンクリート / Shochu konkuri-to / Hot weather concreting.
- 冬用混凝土指在外部气温较低时特别浇注的混凝土。当外部气温较高时则称作"夏用混凝土"。
- "Kantyuu concrete" là việc thi công bê tông mà có lưu ý đặc biệt đến những khi nhiệt độ bên ngoài xuống thấp.
- Pelaksanaan kerja beton dengan tindakan pencegahan memastikan bahwa beton tidak rusak atau tidak berefek terhadap kondisi cuaca luar yang dingin. Untuk kondisi cuaca luar yang panas, maka menggunakan Beton cuaca panas.
- အအေးကွန်ကရစ် ဆိုသည်မှာ ပြင်ပအပူချိန်နိမ့်ကျနေသည့်အခါတွင် အထူးဂရုစိုက်၍ ကွန်ကရစ်လောင်းခြင်းကို ဆိုလိုသည်။ ပြင်ပအပူချိန်မြင့်မားသည့်အခါ အပူကွန်ကရစ် ဟုခေါ်သည်။

支保工　*Shihokou*

- コンクリート工事の際に使用する荷重を支えるもの。
- Framework for supporting the load of the building when conducting concrete works.
- 模板支架指在混凝土工程时用于支撑负载的支架。
- "Shihokou" là giàn giáo được sử dụng khi thi công bê tông nhằm giúp chống đỡ sức nặng của công trình.
- Rangka untuk menopang beban bangunan ketika proses pengerjaan beton.

■ ထောက်ပံ့ဆောက်လုပ်ခြင်းဆိုသည်မှာ ကွန်ကရစ်ဆောက်လုပ်ရေး တွင်အသုံးပြုသောအလေးချိန်အား ထောက်ပံ့ပေးသောအရာကို ဆိုလိုသည်။

セパレータ　*Separe-ta*

■コンクリートを流し込む２枚の板（型枠という）の間隔を保つために設置する金属製の棒材。

■ Metal bar which is put between the two concrete boards to separate them.

■隔板指为了保持浇注混凝土的２片板（称模板）的间隔而设置的金属制棒材。

■ "Separator" là dụng cụ bằng kim loại được lắp đặt để giữ khoảng cách giữa hai khuôn đổ bê tông (cốp pha) .

■ Balok logam yang ditempatkan di antara dua papan (disebut cetakan) untuk memisahkan beton tersebut.

■ ကွန်ကရစ်လောင်းထည့်သည့် ပျဉ် ၂ ချပ်၏ (ပုံစံခွက်ဘောင် ဟုခေါ်သည်) အကြားအကွာအဝေးအား ထိန်းရန်တပ်ဆင်ထားသော သတ္တုချောင်းဖြင့်ပြုလုပ်ထားသော တုတ်ချောင်းကို ရည်ညွှန်းသည်။

箱抜き　*Hakonuki*

コンクリート内部に立体状の空間をつくるために設置する箱。

■ Box which is placed inside the concrete to create a three-dimensional vacant space.

■预留箱形指为了在混凝土内部创造立体形空间而设置的箱子。

■ "Hako nuki" là từ để chỉ những chiếc hộp được lắp đặt để tạo khoảng không gian ba chiều bên trong khối bê tông.

■ Kotak yang dtempatkan di dalam beton untuk membuat ruang kosong tiga dimensi.

■ စလပ်ပုံးခွာခြင်းဆိုသည်မှာ ကွန်ကရစ်အတွင်းပိုင်းတွင် အတုံးအခဲပုံစံ နေရာလွတ်အား ဖန်တီးရန်တပ်ဆင်သော သေတ္တာကိုရည်ညွှန်းသည်။

カンタブ　*Kantabu*

■コンクリート中の塩分量を計測する紙状の測定器具。

■ Surveying tool which resembles a thin strip of paper. Used for measuring the salt content in concrete.

■盐分测量仪指测量混凝土中盐分含量的纸状测量仪器。

■ "Kantabu" là dụng cụ đo ở dạng giấy dùng để xác định lượng muối có trong bê tông.

■ Alat ukur seperti kertas strip tipis. Digunakan untuk menghitung kandungan garam dalam beton.

■ kantabu ဆိုသည်မှာ ကွန်ကရစ်အတွင်းမှ ဆားဓါတ်ပမာဏအား တိုင်းတာသော စာရွက်ပုံသဏ္ဍာန် တိုင်းတာရေး ကိရိယာကို ဆိုလိုသည်။

結束　*Kessoku*

■鉄筋と鉄筋を接合させること。

■ The action of joining two reinforcing bars.

■捆扎指使钢筋相互连接。

■ "Kessoku" là từ để chỉ việc các thanh thép được ghép nối với nhau.

■ Pekerjaan menggabungkan 2 balok penguat.

■ ကွဲဆက်ခြင်းဆိုသည်မှာ သံချောင်းတစ်ခုနှင့်တစ်ခုအား ပေါင်းစည်းစေခြင်းကိုဆိုလိုသည်။

鉄筋 *Tekkin*

主筋　*Shukin*

■鉄筋コンクリートへの外部からの力に対して、主体的に受け止める鉄筋。主筋と直角方向に配置する鉄筋を、「配力筋」という。

■ The reinforced bars which play the most important role in holding concrete and blocking external force. Derivative: 配力筋 / Hairyoku kin / Steel bars which are placed perpendicularly (at an angle of 90 degrees) to the 主筋 / syukin / Main rebar.

■主筋指承受外部对钢筋混凝土施加的主要力的钢筋。与主筋呈直角方向配置的钢筋称作"分布筋"。

■ "Syukin" là lõi thép chính tiếp nhận lực tác động từ bên ngoài lên bê tông cốt thép. "Syukin" và những thanh thép được bố trí theo phương vuông góc được gọi là thép phối lực.

■ Balok/batang penguat yang memainkan peran terpenting dalam menjaga beton dan melindunginya dari tekanan dari luar. Batang yang diletakkan tegak lurus dengan main rebar disebut dengan control rebar.

■ ပင်မအားကူသံချောင်းဆိုသည်မှာ သံထည်ကွန်ကရစ်အား အပြင်ဘက်မှအင်အားများအား အဓိကအနေဖြင့်သိမ်းယူလက်ခံပေးသော သံထည်ကို ဆိုလိုသည်။ ပင်မအားကူသံချောင်းနှင့် ထောင့်မှန်လားရာ ဘက်တွင်ထား ရှိသောသံထည်အား (ထောင့်တင်းသောတိုင်) ဟုခေါ်သည်။

ミルシート　*Mirushi-to*

■鋼材の強度や素材を示すもの。

■ Sheet showing the raw material and the strength of metal parts.

■材质证明书指显示钢材强度及材料的证书。

■ " Mill sheet" là bảng biểu thị nguyên liệu cũng như độ bền của thép vật liệu.

■ Sheet/lembaran yang menunjukkan bahan baku dan kekuatan baja.

■ Mill Sheet ဆိုသည်မှာစတီးထည်၏ခိုင်ခံ့မှုနှင့် ပါဝင်သည့် အရာများအား ဖော်ပြသောအရာကို ဆိုလိုသည်။

かんざし　*Kanzashi*

■鉄筋を所定の位置に固定させるために配置した鉄筋。

■ Steel bars which are used for fixing the reinforcing bars in a particular position.

■簪子指为了将钢筋固定于规定位置而配置的钢筋。

■ "Kanzashi" là những thanh thép được bố trí để cố định cốt thép tại những vị trí nhất định.

■ Batang penguat yang ditempatkan untuk menetapkan batang penguat di posisi tertentu.

■ တန်းဆိုသည်မှာ သံထည်အား သတ်မှတ်ထားသောနေရာတွင် အသေအချာတပ်ဆင်ရန်အတွက်ထားရှိသော သံထည်ကို ဆိုလိုသည်။

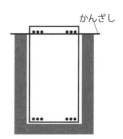

かんざし

重ね継手　*Kasane tsugite*

■鉄筋を接合させる際に、重ね合わせて接合させること。その他の接合方法にガス継手、機械式継手がある。

■ A method of combining steel bars by overlapping them. Some other methods: ガス継手 / Gasu tsugite / Gas pressure welding (a type of butt joint), 機械式継手 / Kikaishiki tsugite /Mechanical joint.

■搭接接头指在连接钢筋时进行叠加连接。其他连接方法包括气体接头、机械式接头。

■ "Kasane tsugite" là việc ghép nối các cốt thép bằng cách chồng lên nhau. Ngoài "kasane tsugite" còn có các phương pháp ghép nối khác như "Gasu tsugite"(ガス継手) hay "Kikaishiki tsugite"(機械式継手) .

■ Metode mengombinasikan tulangan baja dengan cara menumpang tindih. Metode lain: ガス継手 / Gasu tsugite /Pengelasan tekanan gas (tipe butt joint), 機械式継手 /Kikaishiki tsugite / Mechanical joint.

■ ထပ်ဆင့်ပူးတွဲခြင်းဆိုသည်မှာ သံဘောင်များအား ပူးတွဲစေသော အခါတွင် ထပ်ဆင်စပ်ယှက်ပြီး ပူးတွဲစေခြင်းကို ဆိုလိုသည်။ အခြား ပူးတွဲနည်းလမ်းများအဖြစ် ဓါတ်ငွေ့ဖြင့်ပူးတွဲခြင်း၊ စက်ဖြင့်ပူးတွဲခြင်းများ ရှိသည်။

ケミカルアンカー　*Kemikaru anka-*

■コンクリートに鋼材を挿入する際に、コンクリートと鋼材を接合させるための接着剤。

■ A concrete bonding agent which is an adhesive for adhering concrete and steel together when inserting reinforcing bars into concrete.

■化学锚栓指将钢材插入混凝土时，使混凝土与钢材接合的粘合剂。

■ "Chemical anchor" là một loại chất kết dính dùng để gắn kết bê tông với cốt thép khi đưa lõi thép vào trong khối bê tông.

■ Anchor (pengikat) kimia adalah sebuah perekat untuk merekatkan beton dan baja bersama ketika memasukan tulangan baja dalam beton.

■ ဓာတုဓာတ်ဖြင့်ထိန်းသိမ်းခြင်း ဆိုသည်မှာ ကွန်ကရစ်တွင် စတီးအားထည့်သွင်းသည့်အခါ ကွန်ကရစ်နှင့် စတီးအား ပေါင်းစည်းစေရန် သုံးသောကော်ကိုဆိုလိုသည်။

差し筋　　*Sashikin*

■ まだ固まらないコンクリートの打継ぎ面に差し込んだ鉄筋。

■ Steel bars inserted into the contiguous surface between concrete boards.

■ 接合筋指插入尚未凝固的混凝土接合面内的钢筋。

■ "Sashikin" là cốt thép được lồng vào hỗn hợp bê tông khi chưa đông cứng ở chỗ mặt tiếp xúc với khối bê tông sẽ được đổ chồng lên sau đó.

■ Batang penguat yang dimasukkan ke dalam permukaan sambungan beton sebelum beton mengeras.

■ ပိုမိုခိုင်မာစေရန်သုံးသောသံထည့် ဆိုသည်မှာ မမာကျောသေးသောကွန်ကရစ်၏ မျက်နှာပြင်သို့ ထိုးထားသော သံထည့်များကို ဆိုလိုသည်။

2-3. 鋼製躯体　　*Kousei kutai*

Steel frame ／ 钢制主体结构 ／ Khung kết cấu bằng thép ／ Rangka baja ／ စတီးဘောင်ကိုယ်ထည်

けがき　　*Kegaki*

■ 鋼材や木材の表面に、切断線や穴の位置を記載すること。

■ The action of marking the locations for cuts and holes on the surface of wood or steel.

■ 划线指在钢材及木材表面标明切割线及孔的位置。

■ "Kegaki" là từ để chỉ việc ghi vị trí của lỗ hay các đường cắt lên bề mặt của các kết cấu bằng gỗ hay bằng thép.

■ Pekerjaan menandai lokasi pemotongan dan pelubangan pada permukaan kayu atau baja.

■ သံမဏိနှင့်သစ်သားတို့၏ မျက်နှာပြင်များတွင် အပေါက်နေရာနှင့် ဖြတ်ရမည့်နေရာများအား မှတ်သားခြင်းကို ဆိုလိုသည်။

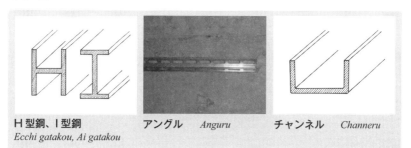

H 型鋼、I 型鋼　　アングル　*Anguru*　　　チャンネル　*Channeru*
Ecchi gatakou, Ai gatakou

キャンバー   *Kyanba-*

■長い鋼材を水平に設置する際、その重量によるたわみがあっても水平になるように、あらかじめ上側に反らしておくこと。

■ The action of bending the horizontally-placed steel bars upwards beforehand so that they will revert back into a horizontal position when loaded with the heavy weight of the building.

■弧拱指事先使长钢材向上侧翘曲，以便在水平设置时即使有自重产生的挠曲仍可保持水平。

■ Khi muốn lắp đặt những thanh thép dài theo phương nằm ngang, việc uốn cong các thanh thép này lên phía trên sẵn trước để sao cho dẫu các thanh thép bị cong do chịu trọng lượng lớn thì vẫn trở về trạng thái nằm ngang được gọi là "Camber".

■ Perkerjaan membengkokkan baja yang horizontal ke atas terlebih dahulu, sehingga dapat memulihkan kembali ke posisi horizontal ketika terbebani dengan beban berat bangunan.

■ ကန့်လန့်ဖြတ်အခုံး (လိပ်ခုံး) ဆိုသည်မှာ သံမဏိချောင်းအရှည် များအား ရေပြင်ညီအတိုင်းတပ်ဆင်သည့်အခါ စတီးချောင်း၏ အလေးချိန်ကြောင့် ကွေးညွှတ်မှုရှိစေကာမူ ရေပြင်ညီ အတိုင်းဖြစ်စေရန် ကြိုတင်၍ အပေါ်ဘက်သို့ ကွေးပေးထားသော အရာကို ဆိုလိုသည်။

アーク溶接   *A-ku yousetsu*

■鋼材と鋼材を接着させる方法。電気を流し、その際に発生する熱を利用して接着させる。

■ A technique for joining metal parts together using the heat generated by an electric arc.

■弧焊指使钢材相互粘结的方法。利用通电时产生的热量进行粘结。

■ "Arc yousetsu" Là phương pháp hàn hồ quang, dùng để nối các thanh thép với nhau.

■ Teknik menggabungkan baja menggunakan panas yang dihasilkan dari aliran listrik.

■ ငရဲမီးဝရိန်ဆိုသည်မှာ စတီးတစ်ခုနှင့်တစ်ခုအား တွဲဆက်စေသည့် နည်းလမ်းကို ဆိုလိုသည်။ လျှပ်စစ်အား စီးဆင်းစေပြီး ထိုအချိန်တွင် ဖြစ်ပေါ် လာသောအပူအား အသုံးပြုပြီး ပူးဆက်စေခြင်းဖြစ်သည်။

アンダーカット   *Anda-katto*

■鋼材と鋼材を接着させる際に、接着箇所が溝のような形になる欠陥。

■ Defect shaped like a small furrow at the position where metal parts are welded together.

■咬边指在粘结钢材时，粘结位置出现的槽形缺陷。

■ "Under cut" là từ để chỉ những điểm bị khuyết có dạng như cái rãnh ở chỗ ghép nối các thanh thép với nhau.

■ Bentuk cela/cacat seperti parit kecil di posisi bagian baja telah di las bersama.

■ အောက်မျက်နှာပြင်ဖြတ်ထုတ်ခြင်းဆိုသည်မှာ သံမဏိချောင်း တစ်ခုနှင့်တစ်ခုအား ပူးဆက်စေသောအခါ အဆက်နေရာမှာ မြောင်းပုံသဏ္ဍာန်ကဲ့သို့ဖြစ်နေသော ပျောက်ကွက်နေရာကို ဆိုလိုသည်။

208

ガウジング   *Gaujingu*

■鋼材と鋼材を接着させた際に、生じた欠陥箇所を除去すること。

■ The action of removing defects at the welding position of metal parts.

■气刨指去除在粘结钢材时产生的缺陷部位。

■ "Gouging" là việc loại bỏ những điểm bị khuyết phát sinh khi ghép nối các thanh thép với nhau.

■ Proses menghilangkan cela/cacat di posisi las pada bagian baja.

■ ဆောက်ခုံဖြင့်ထွင်းခြင်းဆိုသည်မှာ သံမဏိတစ်ခုနှင့်တစ်ခုအား ဆက်သည့်အခါ မလိုအပ်သောနေရာများ
အားဖယ်ရှားခြင်း ကိုဆိုလိုသည်။

アンカーボルト　*Anka-boruto*

■鋼製の棒をコンクリートに半分程度埋め込んだもの。建物の基礎に柱を連結させる際
に用いる。

■ A metal tool for firmly anchoring the steel bars by embedding them
deeply into the concrete (often used to combine columns with the
foundation).

■地脚螺栓指将约一半钢制棒埋入混凝土的螺栓。用于将柱连接
至建筑物的基础中。

■ "Anchor bolt" là vật liệu dạng như một cây gậy bằng thép
được đóng sâu vào khoảng giữa khối bê tông. "Anka- boruto"
được sử dụng khi muốn ghép nối các cột vào với móng của công
trình.

■ Peralatan logam untuk menjangkarkan batang baja secara kuat dengan menanamkannya
hingga setengahnya pada beton. (Digunakan untuk mengkombinasikan kolom dengan dasar).

■ ဒေါက်တိုင်ဆိုသည်မှာ စတီးတုတ်ချောင်းအား ကွန်ကရစ်အတွင်းသို့ တစ်ဝက်ခန့်ဖိသွင်းထားသောအရာကို
ဆိုလိုသည်။ အဆောက်အဦး၏ ဖောင်ဒေးရှင်းနှင့် တိုင်အားတွဲဆက်စေသောအခါတွင် အသုံးပြုသည်။

地組み　*Jigumi*

■鉄骨部材を現地に設置する前に、地上で部分的に組み立てること。

■ The action of assembling some part of steel components on the ground before forming a steel
framework on the construction site.

■地面组装指在现场设置钢构件前，在地面进行部分组装。

■ "Jigumi" là việc lắp ghép từng bộ phận kết cấu cốt thép lại trên mặt đất trước khi bố
trí trên thực địa.

■ Pekerjaan memasangkan beberapa bagian komponen baja
pada tanah sebelum membentuk rangka baja pada lokasi
kontruksi.

■ အခြေခံအလုပ်ဆိုသည်မှာ စတီးအစိတ်အပိုင်းများအား
သတ်မှတ်နေရာတွင်မတပ်ဆင်မီ မြေပြင်ပေါ်၌ အစိတ်အပိုင်းအလိုက်
တပ်ဆင်ခြင်းကို ဆိုလိုသည်။

介錯ロープ
Kaishaku ro-pu

玉掛け　*Tamagake*

■クレーンで荷物を吊る際にワイヤーを荷物に掛けること。

■ Action of fastening wire rope to cargo when lifting by crane.

■挂钩指在用起重机吊装货物时，将绳索挂到货物上。

■ "Tamagake"(cáp cẩu) là dây thép dùng để buộc vật nặng khi tiến hành móc nhấc bằng cần cẩu.

■ Pekerjaan mengawatkan tali ke kargo ketika diangkat oleh Derek.

■ သိုင်းကြိုးဆိုသည်မှာကရိန်းနှင့်ပစ္စည်းများကို သယ်သည့်အခါတွင် ပစ္စည်းအား ချိတ်ဆွဲသော ဝါယာကြိုးကို ဆိုလိုသည်။

インパクトレンチ　*Impakuto renchi*

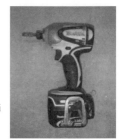

■ボルトを電動や圧縮空気で締め付ける道具。

■ Tool for fastening bolts by using energy from electricity or air pressure.

■冲击式套筒扳手指用电动或压缩空气拧紧螺栓的工具。

■ "Impact wrench"(súng siết bu lông)là dụng cụ dùng để siết bu lông chạy bằng điện hoặc bằng áp suất không khí.

■ Peralatan untuk mengancingkan baut dengan menggunakan energi dari listrik atau tekanan angin.

■ ဝက်အူလှည့်စက်(Impact Wrench) ဆိုသည်မှာ ဝက်အူကို လျှပ်စစ်၊ လေဖိအားစသည်များနှင့် ခိုင်မြဲစွာရစ်ကျပ်သောကိရိယာကို ဆိုလိုသည်။

レバーブロック
Reba-burokku

親綱　*Oyazuna*

モンキーレンチ／モンキースパナ
Monki-renchi /Monki-supana

トルクレンチ　*Toruku renchi*

■ボルトを締め付ける力を検査する道具。

■ Tool for setting and adjusting the tightness of nuts and bolts to a desired value.

■扭力扳手指用于检查螺栓拧紧力的工具。

■ "Torque Wrench"(cờ lê lực) là dụng cụ có khả năng kiểm tra lực siết bu lông.

■ Peralatan untuk memeriksa keketatan mur dan baut.

■ ဝက်အူလှည့်လည်အားဆိုသည်မှာ သတ္တုချောင်းများ၏ တင်းကျပ်မှုအားကို စစ်ဆေးပေးသောကိရိယာတွင်ပါ ရှိသည့်အရာကို ဆိုလိုသည်။

3. 性能・仕上げ (*Seinou・Shiage*)

Performance, Finishing ／ 性能、加工 ／ Tính năng sử dụng và công tác hoàn
thiện ／ Pengerjaan, Tahap akhir ／ စွမ်းဆောင်ရည်၊ အဆုံးသတ်

3-1. 断熱 *Dannetsu*

Thermal Insulation ／ 保温 ／ Công tác cách nhiệt ／ Insulasi ／
လျှပ်ကာခြင်း

グラスウール *Gurasu u-ru*

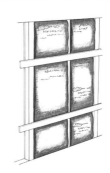

■ガラスを綿状にした断熱材（熱を遮断する材料）。

■ Insulating material made from fibreglass, which is made into a
texture similar to wool.

■玻璃棉指将玻璃加工为棉状的保温材料 (隔热材料)。

■ "Glass wool" là vật liệu cách nhiệt bằng sợi thủy tinh.

■ Materi insulasi yang terbuat dari fiberglass, yang kemudian dibuat
menjadi menyerupai wool.

■ ဖန်စမျှင်အလုံးဆိုသည်မှာ ဖန်ထည်အား ဝါဂွမ်းမျှင်ကဲ့သို့ဖြစ်စေရန်
ပြုလုပ်ထားသော အပူကာပစ္စည်း (အပူမကူးနိုင်သောပစ္စည်း)ကို ဆိုလိုသည်။

内断熱 *Uchidannetsu*

■建設物の内側に断熱材を貼り付けること。逆に「外断熱」とは、建設物の外側に断熱
材を貼り付ける。

■ The act of installing insulating materials on the inside surface of the building. 外断熱 / Soto
dannetsu / The work of installing insulating materials on the outside surface of the building.

■内保温指在建筑物内侧粘贴保温材料。与之相对，"外保温"指在建筑物外侧粘贴保温
材料。

■ "Uchi dannetsu" là việc dán vật liệu cách nhiệt lên phía bên trong của công trình.
Ngược lại, "Soto dannetsu"(外断熱) là việc dán vật liệu cách nhiệt lên phía ngoài của
công trình.

■ Proses pemasangan material insulasi ke permukaan bagian dalam bangunan. 外断熱 / Soto
Dannetsu / Proses memasang material insulasi pada permukaan luar bangunan.

■ အတွင်းပိုင်းလျှပ်ကာခြင်းဆိုသည်မှာ အဆောက်အအုံး၏အတွင်းပိုင်း တွင် လျှပ်ကာပစ္စည်းများတပ်ဆင်ထားခြ
င်းကို ဆိုလိုသည်။ အပြင်ပိုင်း လျှပ်ကာခြင်းဆိုသည်မှာ အဆောက်အအုံး၏အပြင်ပိုင်းတွင် လျှပ်ကာပစ္စည်းများ
တပ်ဆင်ထားခြင်းကို ဆိုလိုသည်။

熱伝導率 *Netsu dendouritsu*

■熱の伝わりやすさの程度。 ■ Rate at which heat passes through a specified material.

■热传导率指热量的传导难易程度。

- "Netsuden douritsu" là từ để chỉ mức độ dẫn nhiệt.
- Tingkat kemudahan panas merambat dalam material.
- အပူလျှောက်ကူးခြင်းသတ္တိဆိုသည်မှာ အပူကူးပြောင်းရလွယ်ကူသော အတိုင်းအတာကို ဆိုလိုသည်။

3-2. 防水 *Bousui*

Waterproofing ／ 防水 ／ Công tác chống thấm ／
Waterproofing ／ ရေစိုခံ

上塗り *Uwanuri*

防水工事（水が建物に浸透しないようにする工事）の
最終段階に防水材料を塗ること。

- The act of making the building water-resistant by coating it with waterproof materials.
- 外涂层指在防水工程 (防止水浸入建筑物的工程) 的最终阶段喷涂防水材料。
- "Uwa nuri" là công đoạn chống thấm, tức là việc quét vật liệu chống thấm vào giai đoạn cuối cùng để ngăn cho công trình không bị nước thấm vào.
- Pekerjaan membuat bangunan anti air dengan melapisinya menggunakan material anti air.
- လိမ်းကျံထားသော အပေါ်ယံလွှာဆိုသည်မှာ ရေပုံရန်လိုအပ်သည့် ဆောက်လုပ်ရေးလုပ်ငန်း (ရေကိုအဆောက်အဦးအတွင်း မယိုအောင် လုပ်ရသော ဆောက်လုပ်ရေးလုပ်ငန်း) ၏ နောက်ဆုံးအဆင့်တွင် ကြမ်းပြင်အား ရေလုံသောအရာများ သုတ်လိမ်းပေးခြင်းကို ဆိုလိုသည်။

雨仕舞 *Amajimai*

- 雨水が建物の中に浸入することを防止すること。

- Precautions taken for preventing rainwater from entering or passing through the building.
- 防雨指防止雨水浸入建筑物中。
- "Amajimai" là việc phòng chống hiện tượng nước mưa thấm thấu vào bên trong công trình.
- Tindakan pencegahan yang diambil untuk mencegah air hujan memasuki bangunan.
- မိုးရေကာကွယ်ခြင်းဆိုသည်မှာ အဆောက်အဦးအတွင်း မိုးရေမဝင်စေရန် တားဆီးပေးသောအလုပ်ကို ဆိုလိုသည်။

3-3. 仕上げ *Shiage*

Finishing ／ 加工 ／ Công tác hoàn thiện ／
Tahap akhir ／ အချောသတ်

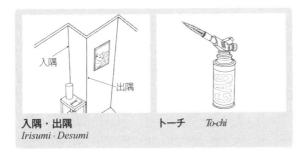

入隅・出隅
Irisumi · Desumi

トーチ　*To-chi*

パラペット　*Parapetto*

■ 屋上などに設置される手すり壁。
■ A low protective wall along the edge of a roof, bridge, or balcony.
■ 女儿墙指在屋顶等处设置的扶手墙。
■ "parapet"(lan can) là tường có tay vịn được bố trí ở những nơi như sân thượng.
■ Perlindungan rendah pada tembok sepanjang atap, dan sebagainya.
■ ခေါင်မိုးအရံအတား ဆိုသည်မှာ ခေါင်မိုးပေါ်တွင် တပ်ဆင်ထားသော လက်ရန်းနံရံကို ဆိုလိုသည်။

オーバーフロー　*O-ba-furo-*

■ 水が限界を超えてあふれ出す様。
■ Situation in which water flows over the brim of a receptacle.
■ 溢流指水超出界限溢出。
■ "Over flow" là tình trạng nước tràn ra khỏi phạm vi giới hạn và trào ra ngoài.
■ Situasi saat air meluap melebihi batas.
■ လျှံကျခြင်းဆိုသည်မှာ ကန့်သတ်ချက်ကိုကျော်လွန်၍ ရေများလျှံကျလာခြင်းကို ဆိုလိုသည်။

コーキング　*Ko-kingu*

■ 水や空気を通さないように樹脂やタールを用いて間詰めをすること。
■ The act of sealing something (a gap or seam) with resin or tar to prevent the passage of air or water.
■ 嵌缝指用树脂及焦油进行填充，防止透水及透气等。
■ "Caulking" là việc trải nhựa hoặc hắc ín sao cho nước và không khí không lưu thông vào được.

■ Pekerjaan menyegel sesuatu dengan resin atau tar untuk mencegah aliran air atau udara.

■ ဖာထေးခြင်းဆိုသည်မှာ ရေနှင့်လေ မခိုနေစေရန် ဟနေသည့်နေရာများအား သစ်ဆေးနှင့်ပွတ်ညက်အသုံးပြု၍ ဖာထေးခြင်းကို ဆိုလိုသည်။

シーリング *Shi-ringu*

■水や空気を通さないように間詰めをすること。

■ The act of sealing something to prevent the passage of air or water.

■密封指进行填充以防透水及透气等。

■ “Sealing” là việc hàn kín sao cho nước và không khí không lưu thông vào được.

■ Pekerjaan menyegel sesuatu untuk mencegah aliran udara atau air.

■ ပိတ်ဆို့ခြင်း(သို့)စီးလ်သုတ်ခြင်းဆိုသည်မှာ ရေနှင့်လေမဝင်နိုင်အောင်ပြုလုပ်ထားသောနေရာကိုဆိုလိုသည်။

マスキング *Masukingu*

■周辺を汚さないように粘着テープでカバーすること。

■ The act of covering the surface of something with adhesive tape to prevent the passage of air or water.

■掩蔽指用胶带进行覆盖以防弄脏周围。

■ “Masukingu” là việc che chắn sao cho vùng xung quanh không bị dây bẩn bằng cách dán băng keo.

■ Pekerjaan melapisi permukaan sesuatu dengan pita perekat untuk mencegah kotornya daerah sekitar.

■ ပတ်တီးရိုက်ခြင်းဆိုသည်မှာ ညစ်ညမ်းမှုမရှိစေရန် ကပ်အားကောင်းသည့်ကော်ဖြင့် ဖုံးအုပ်ထားခြင်းကို ဆိုလိုသည်။

カーテンウォール *Ka-tenwo-ru*

■建物の外周に取付けられるパネル。

■ Panels installed for outer covering of a building.

■幕墙指安装于建筑物外面的护墙板。

■ “Curtain wall” là những tấm panel được lắp đặt bao xung quanh tòa nhà.

■ Panel yang dipasang diluar untuk menutupi bangunan.

■ ခန်းဆီးနံရံဆိုသည်မှာ ဘောင်ကွပ်ထားသောအဆောက်အဦး၏ အပြင်ဘက်အစွန်ဆုံးအပိုင်းကို ဆိုလိုသည်။

ガスケット *Gasuketto*

■目地の内部に取付けて水や空気を遮るためのゴム部品。

■ Rubber part for filling the space in the junction between two surfaces to prevent the leakage of air and water.

■衬垫指装于接缝内部以阻绝水及空气的橡胶零部件。

■ "Gasketto"(gasket – gioăng cao su) là vòng đệm bằng cao su được đưa vào bên trong những khớp nối nhằm ngăn chặn sự xâm nhập của nước và không khí.

■ Karet yang dipasang pada bagian dalam simpangan antara dua permukaan untuk mencegah kebocoran udara dan air.

■ ရာဘာအပြားဆိုသည်မှာ ရေနှင့်လေအား အတွင်းပိုင်းသို့ ဝင်လာစေရန် အသုံးပြုသောအစိတ်အပိုင်းကို ဆိုလိုသည်။

ガラリ　*Garari*

■空気を通すが雨水は通さない窓。

■ Window which allows the passage of air but not of water.

■百叶窗指可透过空气，但会阻挡雨水的窗户。

■ "Garari"(cửa chớp) là cửa sổ mà không khí có thể lưu thông qua được nhưng nước thì không.

■ Jendela yang hanya meneruskan udara dan menahan air hujan.

■ လေသာပေါက်ဆိုသည်မှာ မိုးရေမပါရှိပဲလေကိုသာဖြတ်သန်းစေ သော ပြတင်းပေါက်ကို ဆိုလိုသည်။

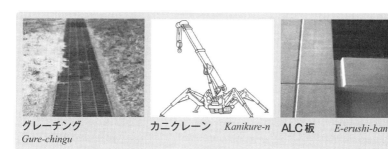

グレーチング *Gure-chingu*　**カニクレーン** *Kanikure-n*　**ALC板** *E-erushi-ban*

アルゴン溶接　*Arugon yousetsu*

■アルゴンガスを用いて行う溶接方法。アルミニウムやステンレスの溶接時に使用する。

■ Welding method using argon gas as the fuel to weld aluminum and steel materials.

■氩弧焊接指使用氩气进行焊接的方法。用于焊接铝及不锈钢。

■ "Argon yousetsu" là phương pháp hàn có sử dụng khí argon được áp dụng khi hàn các vật liệu bằng nhôm hoặc thép không gỉ.

■ Metode pengelasan menggunakan gas argon sebagai bahan bakar untuk mengelas aluminium dan material baja tahan karat .

■ အာဂွန်ဓာတ်ငွေ့ နှင့်ဂဟေဆက်ခြင်းဆိုသည်မှာ အလူမီနီယံ (သို့ မဟုတ်) စတီးများအား ဂဟေဆော်ရာတွင် အာဂွန်ဓာတ်ငွေ့ အား အသုံးပြုသည့်နည်းလမ်းကို ဆိုလိုသည်။

エフロレッセンス　*Efuro ressensu*

■セメントが固まった後、白い液体や固まりになって、
タイル面やコンクリート表面に流れ出すもの。

■ A white liquid or powdery scum which rises to the surface
of brickwork, tiling or concrete when the cement hardens.

■泛白指水泥凝固后变为白色液体及块状物，并流至瓷
砖表面及混凝土表面。

■ "Efflorescence" là chất lỏng hoặc chất bột màu
trắng xuất hiện trên bề mặt của gạch hoặc bê tông sau khi xi măng đã đóng rắn.

■ Cairan putih atau tepung bubuk yang meningkatkan permukaan ubin atau beton setelah semen
mengeras.

■ ရေငွေ့ ဆိုသည်မှာ ဘိလပ်မြေများ၏အဖြူ့ရောင်အရည် (သို့ မဟုတ်) အစိုင်အခဲလေးများအဖြစ်ပြောင်း၍
အင်္ဂတေမျက်နှာပြင်မှ စီးဆင်းလာ သောအရာကို ဆိုလိုသည်။

圧着張り　*Attyaku bari*

■タイルをモルタルの上に押さえつけて張る方法。

■ Installation method in which bricks or tiles are laid on the
mixed mortar.

■按压铺设指将瓷砖用力压至灰浆上进行铺设的方法。

■ "Attyaku bari" là phương pháp lát gạch bằng cách ốp
gạch lên trên lớp vôi vữa đã trét.

■ Metode pemasangan ubin yang diletakan di atas campuran
semen.

■ ကွေးညွတ်စေသောတင်းအားဆိုသည်မှာ အုတ်ချပ်များအား
မဆလာ၏အပေါ်တွင် တွယ်ကပ်စေသည့် နည်းလမ်းကို ဆိုလိုသည်။

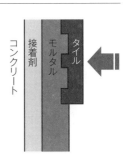

直張り　*Chokubari*

■下地をつくらずに、コンクリート表面にタイルなどを張り付けること。

■ The act of tiling without performing ground work (to lay tiles directly on the concrete surface).

■直接铺设指不用预处理，直接在混凝土表面上铺设瓷砖等。

■ "Chokubari" là việc không tạo nền ốp mà ốp lát gạch trực tiếp lên trên bề mặt khối bê
tông.

■ Proses pengolahan tanpa melakukan dasar (peletakan ubin secara langsung pada permukaan
beton).

■ တိုက်ရိုက်တင်းအားဆိုသည်မှာ အုတ်မြစ်မချုပ်ပဲကွန်ကရစ်ပေါ်တွင် ကျောက်ပြားတပ်ဆင်ထားခြင်းကို
ဆိုလိုသည်။

洗い出し　*Araidashi*

■左官工事後に、表面のセメントを水で洗い流し、砂利を表面に浮かび上がらせる仕上げ方法。

■ Plasterwork completion process in which the underlying aggregate is exposed by washing the concrete surface.

■冲蚀指实施灰泥工程后用水冲洗表面的水泥，使砂石浮出表面的加工方法。

※5

■ "Arai dashi" là việc dùng nước để rửa trôi xi măng trên bề mặt đã được ốp gạch nhằm làm cho đá sỏi nổi lên trên.

■ Proses penyelesaian plester yang mana permukaan semen dibasuh dengan air dan kerikil diapungkan ke permukaan.

■ ဆေးကြောဖယ်ရှားခြင်းဆိုသည်မှာ မဆလာလုပ်ငန်းပြီးဆုံးသွား သောအခါ ရေနှင့်ဘိလပ်မြေကိုဆေးချပြီး မျက်နှာပြင်ပေါ်တွင် ကျောက်စရစ်များပေါ် လာစေရန် လုပ်ဆောင်သောနည်းလမ်းကို ဆိုလိုသည်။

海砂　*Kaisa*

■海中から採取して塩分を取り除いた砂。

■ Sand which was taken from the sea floor but has had sea salt removed.

■海沙指从海中提取的无盐沙子。

■ "Kaisa" là cát biển đã được loại bỏ thành phần muối.

■ Pasir yang di ambil dari dasar laut tetapi yang sudah diambil kandungan garamnya.

■ ပင်လယ်သဲကြမ်းဆိုသည်မှာ ဆားများဖယ်ထားသော ပင်လယ်ပြင်မှရရှိသောသဲကို ဆိုလိုသည်။

荒し目　*Arashime*

■表面に凹凸をつけて粗くすること。目荒しともいう。

■ The act or roughing something to make its surface uneven, not smooth or level. Synonym: 目荒し / Mearashi / Roughing.

■修琢指在表面制造凹凸进行粗糙化处理。

■ "Arashi me" là việc làm thô đi một bề mặt nào đó bằng cách tạo những điểm lồi lõm trên bề mặt ấy. "Arashi me" cũng được gọi là "Me arashi"(目荒し) .

■ Pekerjaan pengasaran untuk membuat permukaannya tidak merata, tidak halus,

■ ကြမ်းတမ်းသောအဖုဆိုသည်မှာ အချောမကိုင်ရသေးသော ကြမ်းတမ်း သည့်မျက်နှာပြင်ကို ဆိုလိုသည်။

チリ　*Chiri*

■柱の面と壁の面との距離。

■ Distance between the outside of the pillar and the surface of the wall.

■偏移指柱面与墙面间的距离。

■ "Chiri" là khoảng cách giữa bề mặt tường và bề mặt cột.

■ Jarak antara permukaan pilar dan permukaan tembok.

■ ကွာဟမှု ဆိုသည်မှာ တိုင်၏မျက်နှာပြင်နှင့် နံရံမျက်နှာပြင်နှစ်ခုကြား အကွာအဝေးကို ဆိုလိုသည်။

しごき　*Shigoki*

■接着力を大きくするためにモルタルを使用して薄く塗りつけること。

■ The act of coating something with a thin layer of mortar to improve its adhesive strength.

■底涂指为了增加粘结力使用灰浆涂抹的薄层。

■ "Shigoki" là việc dùng vữa phủ một lớp mỏng để tăng độ bền chắc cho bề mặt.

■ Pekerjaan melapisi sesuatu dengan lapisan semen tipis untuk meningkatkan kekuatan rekatan.

■ ဖိနှိပ်ခြင်းဆိုသည်မှာ မဆလာအားခိုင်မြဲစွာ တွဲဆက်စေရန် အသာအယာဖိနှိပ်ပေးခြင်းကို ဆိုလိုသည်။

風邪をひく　*Kaze wo hiku*

■セメントに水分が含まれ不良品になること。

■ Phenomenon in which cement becomes wet and drops in quality.

■感冒指水泥中含有水分成为不良品。

■ "Kaze wo hiku" là việc xi măng bị ngấm nước và giảm chất lượng.

■ Fenomena semen menjadi basah dan luntur.

■ အအေးခံခြင်းဆိုသည်မှာ အင်္တေအားအစိုဓာတ်ထိန်းသိမ်းထား၍ ကောင်းမွန်သောအနေအထား ဖြစ်လာ စေရန် လုပ်ဆောင်ခြင်းကို ဆိုလိုသည်။

硬化　*Kouka*

■セメントと水が反応して硬さを増し始めている状態。

■ Hardening process caused by the reaction between cement and water in concrete mix.

■硬化指水泥与水反应后硬度开始增大的状态。

■ "Kouka" là tình trạng xi măng phản ứng với nước và bắt đầu cứng dần lên.

■ Proses pengerasan karena reaksi antara semen dan air.

■ မာကျောမှုဆိုသည်မှာ ရေနှင့်အင်္တေပေါင်းစပ်၍ မာကျောမှုပမာဏတိုးလာမှုကို ဆိုလိုသည်။

エポキシ樹脂塗料　*Epokishi jushi toryou*

■エポキシ樹脂を含んだ塗料。密着性、耐摩耗性に優れている。

■ Epoxy paint which consists of epoxy resin with high adhesiveness and abrasion resistance.

■环氧树脂涂料指含有环氧树脂的涂料。具有优良的紧密性及耐磨损性。

■ "Epoxy jyushi toryou" là một loại sơn có chứa nhựa epokin. Loại sơn này có ưu điểm về tính bám dính và tính chống hao mòn.

■ Cat epoxy yang terdiri dari resin epoxy dengan daya rekat tinggi dan tahan abrasi.

■ သစ်ဆေးတုံသုတ်ဆေးဆိုသည်မှာ ကောင်းမွန်စွာကပ်နိုင်၍ ပွန်းပဲ့ရာများကို ကာကွယ်ပေးနိုင်သော သစ်ဆေးပါဝင်သောသုတ်ဆေးကို ဆိုလိုသည်။

素地　*Kiji*

■塗装する金属、木材、コンクリートなどの素材。

■ Metal parts, wood, concrete components and other materials to be decorated with paint.

■坯体指要进行喷涂的金属、木材、混凝土等材料。

■ "Kiji" là những vật liệu được sơn trang trí như kim loại, gỗ hay bê tông.

■ Material logam, kayu, komponen beton, dan material lain yang akan dicat.

■ ကုန်ကြမ်းဆိုသည်မှာ သတ္တု၊ သစ်သား၊ ကွန်ကရစ် အစရှိသော ကုန်ကြမ်းများကို ဆိုလိုသည်။

下地　*Shitaji*

■塗装を行おうとする面ですでに塗料が塗られている面。

■ Surface which has been coated with a primer before being decorated with other paint.

■底层指在要进行喷涂的表面上已经涂有涂料的表面。

■ "Shitaji" là bề mặt đã được phủ sẵn một lớp sơn nền trước khi tiến hành sơn trang trí.

■ Permukaan yang telah dilapisi dengan cat dasar sebelum dicat.

■ အုတ်မြစ်ချခြင်းဆိုသည်မှာ မြေပြင်၏မျက်နှာပြင်အား အင်္ဂတေ သုတ်လိမ်းခြင်းကို ဆိုလိုသည်။

ウエス　*Uesu*

■布のこと。　■ Cloth or fabric for cleaning painting materials and other tools.

■废布指布料。　■ "Uesu" là từ dùng để chỉ vải vóc.

■ Baju atau kain untuk membersihkan cat material atau peralatan lain.

■ အဝတ်စုတ်ဆိုသည်မှာ အဝတ်အပိုင်းအစကို ဆိုလိုသည်။

皮すき　*Kawasuki*

■古い塗料や錆を取り除くための道具。

■ Tool for removing rust as well as old layers of paint.

■削皮机指用于去除旧涂料及锈渍的工具。

■ "Kawa suki" là một dụng cụ giống như chiếc xẻng mini được dùng để cạo bỏ lớp sơn cũ hoặc những vết bẩn bị bám dính.

■ Peralatan untuk menghilangkan karat serta lapisan cat lama.

■ ဆေးသားခွာခြင်းဆိုသည်မှာ ဆေးသားအဟောင်းများနှင့် တွန့်ကြေဖောင်းကြနေမှုများကို ဖယ်ရှားသောအလုပ်ကို ဆိုလိုသည်။

スクレーパー　*Sukure-pa-*

■錆や異物を取り除くための道具。

■ Tool for removing rust and foreign matter.

■刮削器指用于去除锈及异物的工具。

■ "Scraper" là dụng cụ dùng để loại bỏ những vết han gỉ hoặc những vật lạ bám trên bề mặt.

■ Peralatan untuk menghilangkan karat dan sejenisnya.

■ ခြစ်သည့်ကိရိယာဆိုသည်မှာ သံချေးနှင့်ပြင်ပအရာများအား ဖယ်ရှားသောကိရိယာကို ဆိုလိုသည်။

色ムラ *Iromura*

■塗装において部分的に色が違うこと。

■ Mottling of colors on the painted material.

■色斑指喷涂中的部分颜色不同。

■ "Iro mura" là hiện tượng có màu sắc bị khác màu trong cùng một gam màu thể hiện trên bề mặt được quét sơn.

■ Bagian yang berbeda warna pada pengecatan.

■ အရောင်အစက်အပြောက်ဆိုသည်မှာ ဆေးသုတ်ထားသော အရောင်နှင့် အနည်းငယ်ကွဲလွဲနေသောအရောင်ကို ဆိုလိုသည်။

色別れ *Irowakare*

■塗料が乾燥するときに、塗料の材料が部分的に固まったり、分離することで色ムラが起きること。

■ The occurrence of mottling in which paint becomes harder or separates partially on drying.

■颜色剥离指涂料干燥时，涂料材料部分凝固、剥离，导致出现色斑。

■ "Iro wakare" là việc xảy ra hiện tượng "Iro mura" khi sơn bắt đầu khô cứng lại và tách ra theo từng bộ phận trên bề mặt.

■ Munculnya bintik warna yang terpisah saat bahan cat mengeras setelah cat mengering.

■ အရောင်လွင့်ခြင်းဆိုသည်မှာ ဆေးသားမြောက်သွားသောအခါ သုတ်ထားသောပစ္စည်းတွင် ဆေးသားမှိန်သွားခြင်းကို ဆိုလိုသည်။ (အရောင်လွင့်သောအခါ အရောင်အစက်အပြောက်ဖြစ်တတ်သည်။)

靴摺り *Kutsuzuri*

■ドアの開く部分の下部につける部材。

■ Member of framework which is inserted on the floor, below the door.

■门槛指装于门开启部分下部的构件。

■ "Kutsuzuri" là một chi tiết được gắn ở bên dưới nơi mở cửa.

■ Bagian dari rangka yang dimasukan ke dalam lantai, di bawah pintu.

■ တံခါးဆက်ဆိုသည်မှာ တံခါးအောက်ခြေတွင် တွဲဆက်ထားသော အစိတ်အပိုင်းကို ဆိုလိုသည်။

遊び *Asobi*

■適度にゆるんでいる状態。

■ State in which something has an appropriate amount of looseness.

■游隙指适度松开的状态。

■ "Asobi" là trạng thái được nới lỏng một cách thích hợp.

■ Keadaan ketika timbul kerenggangan tertentu.

■ မောင်းတံအကွ်ဆက်ဆိုသည်မှာ အနေတော်ဖြေလျှော့ပေးသော အခြေအနေကို ဆိုလိုသည်။

テーパー　*Te-pa-*

■材料に勾配がついている状態。　■The sloped state of a material.

■锥度指使材料具有坡度的状态。

■ "Taper" là trạng thái vật liệu được tạo ra với độ nghiêng nhất định trên bề mặt.

■ Taper adalah keadaan material yang miring.

■ အဖျားရှူးခြင်းဆိုသည်မှာတစ်ဖက်သို့ သေးငယ်သွားသောအရာဝတ္တု၏ အခြေအနေကို ဆိုလိုသည်။

ケイカル板　*Keikaruban*

■ケイ酸カルシウム板。建物の内部や外部に用いられる。

■ Calcium silicate board for inside or outside building construction.

■硅钙板指硅酸钙板。用于建筑物内部及外部。

■ "Keikaru ban" là những tấm canxi silicat được sử dụng ở cả bên trong lẫn bên ngoài công trình.

■ Papan kalsium silikat untuk dimasukkan di dalam atau di luar konstruksi bangunan.

■ ကျောက်ပြားဆိုသည်မှာ အဆောက်အဦး၏အတွင်း၊ အပြင် နှစ်မျိုးစလုံးသုံးနိုင်သော ထုံးဓာတ်ပေါင်း ပါဝင်သည့်အပြားကို ဆိုလိုသည်။

軽天　*Keiten*

■軽量鉄骨天井下地のこと。天井をつくる際に使用する。

■ Floor or the ceiling constructed of lightweight steel framing. It is used for framing a ceiling.

■轻钢龙骨指轻钢龙骨的天花板底层。用于吊顶。

■ "Keiten" là việc trần nhà được kết cấu bằng cốt thép trọng lượng nhẹ.

■ Lantai atau konstruksi plafon dari rangka baja yang ringan untuk membuat langit-langit.

■ ဟော်လုချောင်းဆိုသည်မှာ မျက်နှာကျက်တပ်ဆင်ရာတွင် အသုံးပြုသော ပေါ့ပါးသည့်စတီးချောင်းကို ဆိုလိုသည်။

※6

スタッド　*Sutaddo*

■柱と柱の間に設置する縦の材料。

■ Beam placed upright inside the wall of a building, between two pillars.

■立柱指柱与柱之间设置的纵向材料。

■ "Stud" là vật liệu được bố trí dọc không gian giữa các cột với nhau.

■ Balok yang ditempatkan tegak lurus di dalam dinding bangunan, antara 2 pilar.
■ တိုင်ကပ်ဆိုသည်မှာ တိုင်နှင့်တိုင်၏ အကြားတွင်တပ်ဆင်သော ဒေါင်လိုက်အရာကို ဆိုလိုသည်။

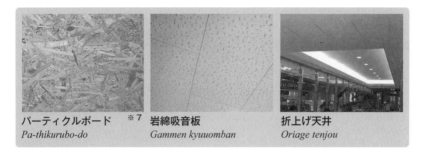

| パーティクルボード ※7 | 岩綿吸音板 | 折上げ天井 |
| Pa-thikurubo-do | Gammen kyuuomban | Oriage tenjou |

目地　*Meji*

■タイル、板、コンクリートの継目。
■ Seam where the edges of two pieces of tile, board or concrete touch each other.
■接縫指瓷砖、板及混凝土的縫隙。
■ "Meji" là khe nối giữa những viên gạch, những tấm ván hay tấm bê tông.
■ Lapisan dimana ujung dua bagian ubin, papan atau beton saling menyentuh.
■ အဆက်ဆိုသည်မှာ အခင်းပြား၊ အမိုးပြား၊ ကွန်ကရစ်တို့ ၏ ဆက်ကြောင်းကို ဆိုလိုသည်။

3-4. 仕上げ (木造)　*Shiage (Mokuzou)*

Finishing (wooden structures) ／ 加工 (木制) ／ Hoàn thiện công trình gỗ ／ Tahap akhir (struktur kayu) ／ အချောသတ် (သစ်သား)

軒　*Noki*

■屋根の外側から飛び出している部分。
■ Roof edges which overhang the face of a wall and normally project beyond the side of a building.
■屋檐指从屋顶外側突出的部分。
■ "Noki"(mái hiên) là phần chìa ra phía ngoài của mái nhà hoặc so với mái nhà.
■ Ujung atap yang menggantung keluar.
■ တံဆက်မြိတ်ဆိုသည်မှာ အမိုး၏အပြင်ဘက်အစွန်းတွင် ပေါ်ထွက်နေသောအရာကို ဆိုလိုသည်။

はぜ　*Haze*

■板をつなぐために端を折り曲げた部分。
■ Board edge which is bent for fitting with another board.

- ■ 卷边指为了连接板而折弯端部的部分。
- ■ "Haze" là phần cạnh bị gấp khúc ở các tấm ván để ghép nối chúng lại với nhau.
- ■ Papan tepi yang bengkok untuk disambungkan dengan papan lain.
- ■ အကွေးပြားဆိုသည်မှာ အမိုး၏အစွန်းတွင် U ပုံစံကွေးနေသော အပြားကို ဆိုလိုသည်။

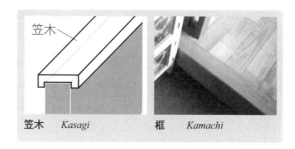

笠木

笠木 *Kasagi*　　框 *Kamachi*

亜鉛鉄板　*Aen teppan*

- ■ 表面に亜鉛メッキを塗った薄い鋼板。
- ■ Thin iron sheet or steel sheet which is coated with a protective layer of zinc (Zn).
- ■ 镀锌板指表面镀有锌的薄钢板。
- ■ ""Aen teppan" là những tấm thép mỏng được mạ kẽm trên bề mặt.
- ■ Lembaran besi tipis atau baja yang dilapisi dengan lapisan pelindung seng.
- ■ သတ္တုရည်စိမ်ပြားဆိုသည်မှာ မျက်နှာပြင်အား ခဲရည်သုတ်ထားသောစတီးပြားကို ဆိုလိုသည်။

3-5. 建具・家具　*Tategu・Kagu*

Fittings, furnishings ／ 门窗、家具 ／ Trang trí nội thất ／ Perabotan ／
ဆောက်လုပ်ရေးပရိဘောဂ၊ အိမ်ထောင်ပရိဘောဂ

内法寸法　*Uchinori sumpou*

- ■ 仕上がった部材の内側と内側の間の寸法。
- ■ Measurements of distance between the inside surfaces of building components.
- ■ 内侧尺寸指加工构件内侧之间的尺寸。
- ■ "Uchinori sumpou" là số đo khoảng cách giữa mặt trong của các kết cấu đã thi công.
- ■ Ukuran jarak antara permukaan dalam komponen bangunan.
- ■ အတွင်းပိုင်အရွယ်အစားဆိုသည်မှာ အချောသတ်ထားသော အတွင်းပိုင်းအစိတ်အပိုင်းနှင့် အတွင်းပိုင်အကြားရှိထုထည်ကို ဆိုလိုသည်။

キャッチ　*Kyacchi*

■扉が自然に開いてしまうことを防ぐ金物。

■ Metal tool for securing the door or the window from opening by itself.

■插销指防止门自然打开的金属件。

■ "Catch"(chốt cửa)là một dụng cụ bằng kim loại giúp ngăn ngừa việc cửa mở ra tự nhiên.

■ Peralatan logam untuk menjaga pintu agar tidak terbuka sendiri.

■ ချိတ် (ဂျက်) ဆိုသည်မှာ တံခါးအလိုအလျောက်ပိတ်ခြင်းကို တားဆီးပေး သည့် သံထည်ပစ္စည်းကို ဆိုလိုသည်။

気密材　*Kimitsu zai*

■サッシの枠につけて内部に空気が通らないようにするゴムや樹脂。

■ Rubber or resin materials inserted into the window sash to prevent the passage of air.

■密封材料指装于窗框上，防止空气进入内部的橡胶及树脂等。

■ "Kimitsu zai" là từ dùng để chỉ vật liệu bằng cao su hoặc nhựa được trét lên khung cửa sổ nhằm ngăn không khí đi vào bên trong.

■ Karet atau material resin yang dimasukkan kedalam bingkai jendela untuk mencegah aliran udara.

■ လေကာဆိုသည်မှာ လေမဝင်နိုင်စေရန် တံခါးဘောင်၏အတွင်းတွင် တပ်ဆင်ထားသောအရာကို ဆိုလိုသည်။

サッシ、アルミサッシ
Sasshi (Arumi sasshi)

4. 設備 (*Setsubi*)

Facilities ／ 设备 ／ Lắp đặt thiết bị ／ Fasilitas ／ ပစ္စည်းကိရိယာ

4-1. 電気設備　*Denki setsubi*

Electrical equipment ／ 电气设备 ／ Thiết bị điện ／ Peralatan listrik ／ လျှပ်စစ်ပစ္စည်းကိရိယာ

キュービクル　*Kyu-bikuru*

■高圧受電設備（高電圧の電気を引き込む設備）のこと。

■ Equipment for transforming and distributing high voltage electricity.

■配电柜指高压受电设备 (导入高电压电源的设备)。

■ "Cubicle" là từ dùng để chỉ tủ điện cao áp (thiết bị tiếp nhận dòng điện cao áp) .

■ Peralatan untuk mengalirkan listrik tegangan tinggi.

■ စွမ်းအင်သိုလှောင်ခန်းဆိုသည်မှာ ဗို့အားမြင့်စွမ်းအင်ကို ထိန်းသိမ်းပေးသောပစ္စည်းကို ဆိုလိုသည်။ (ဗို့အားမြင့်လျှပ်စီးကြောင်းကို လျှော့ချပေးသောကိရိယာ)

※ 8

開閉器　*Kaiheiki*

■電気を安全に切断するための器具。

■ Device for stopping the flow of current in an electric circuit as a safety measure.

■开关器指用于安全切断电源的器具。

■ "Kaiheiki"(cầu dao) là thiết bị dùng để ngắt điện an toàn.

■ Peralatan untuk memutus aliran listrik dengan aman.

■ ခလုတ်ဆိုသည်မှာ လျှပ်စစ်အားအန္တရာယ်ကင်းစွာ အသုံးပြုနိုင်ရန် လျှပ်စီးကြောင်းဖြတ်တောက်ပေးသော ကိရိယာကို ဆိုလိုသည်။

インバータ　*Inba-ta*

■周波数を変換する器具。　■ Device for changing the frequency of electricity current.

■变频器指变换频率的器具。

■ "Inverter"(inverter – biến tần) là thiết bị dùng để thay đổi tần số dòng điện.

■ Peralatan untuk mengubah frekuensi aliran listrik.

■ လျှပ်စီးကြောင်းပြောင်းကိရိယာဆိုသည်မှာ တိုက်ရိုက်လျှပ်စီးကြောင်းမှ ပြန်လှန်လျှပ်စီးကြောင်းသို့ ပြောင်းလဲပေးသောကိရိယာကို ဆိုလိုသည်။

ルーバー　*Ru-ba-*

■照明器具の下に取付けて、光を必要な箇所に集める器具。

■ Tool which is fixed below lighting equipment and directs light to a particular position.

■遮板指装于照明器具的下部，将光集中于所需部位的器具。

■ "Louver" là dụng cụ được gắn ở phía dưới thiết bị chiếu sáng nhằm tập trung ánh sáng vào những nơi cần thiết.

■ Peralatan yang dipasang di bawah peralatan pencahayaan dan mengumpulkan cahaya langsung ke tempat yang diperlukan.

■ အလင်းဝင်တံခါးမှ ဆိုသည်မှာ မီးဆိုင်းများ၏အောက်ဘက်တွင် လိုအပ်သောအလင်းရောင်ရရှိစေရန် တပ်ဆင်ထားသောအရာကို ဆိုလိုသည်။

4-2. 空気調和・衛生設備　*Kuuki chouwa・Eisei setsubi*

Air conditioning, hygienic equipment ／ 空调、卫生设备 ／
Thiết bị vệ sinh và điều hòa không khí ／ AC, Peralatan higienis ／
လေထုထိန်းညှိမှု ၊ ကျန်းမားရေးနှင့်ညီညွတ်စေသောပစ္စည်းကိရိယာ

圧力損失　*Atsuryoku sonshitsu*

■空気や水が管路を流れるときに、管の摩擦抵抗により、その圧力が低下すること。

■ Loss of pressure due to a pipe's frictional resistance on air and water flowing inside.

■压力损失指空气及水在流经管路时，由于管的摩擦阻力使其压力下降。

■ "Atsuryoku sonshitsu" là việc áp lực của không khí và nước trong khi lưu thông bị hạn chế bởi trở lực ma sát của đường ống dẫn.

■ Kehilangan energi karena hambatan gesekan pipa pada udara dan air mengalir di dalamnya.

■ တွန်းအားဆုံးရှုံးမှုဆိုသည်မှာ လေ (သို့မဟုတ်) ရေသည် ပိုက်တစ်လျှောက်ဖြတ်သန်းစီးဆင်းချိန်တွင် ပွတ်မှုအားကြောင့် လျော့နည်းသွားသောတွန်းအားကို ဆိုလိုသည်။

アスペクト比　*Asupekuto hi*

■四角形ダクトの縦と横の比率。アスペクト比が大きいほど、ダクトが扁平になる。

■ Ratio of the width to the height of a rectangular duct. Duct becomes more flat when the ratio is larger.

■纵横比指方形管道的纵横比率。纵横比越大，管道越扁平。

■ "Aspect hi" là tỉ lệ giữa chiều ngang và chiều dọc của đường ống dẫn có dạng hình tứ giác. Tỉ lệ này càng lớn thì đường ống càng dẹt.

■ Perbandingan lebar dan tinggi saluran persegi panjang. Saluran menjadi menipis ketika perbandingannya membesar.

■ ထုထည်အချိုးဆိုသည်မှာ လေးထောင့်ပုံပြန် (ပိုက်လုံး)၏ အမြင့်နှင့် အကျယ်အချိုးကိုဆိုလိုသည်။ (အချိုးများလေ၊ ညှာပြန့်ပြူးလေ ဖြစ်သည်။)

スパイラルダクト　*Supairaru dakuto*

■ダクトをスパイラル状の鋼材で補強したもの。
■ Duct reinforced with metal spires on the body.
■螺旋管指用螺旋状钢材强化的管道。
■ "Spiral duct"(ống thép xoắn) là ống dẫn được gia cố bằng thép có gân hình xoắn ốc.
■ Tabung yang diperkuat dengan lilitan baja berbentuk spiral.
■ အရစ်ပါသောပိုက်လုံးဆိုသည်မှာ အရစ်ဖော်ထားပြီး စတီးနှင့်ကွန် ကရစ်လောင်းထားသောပိုက်ကို ဆိုလိုသည်။

※9

ダクト　*Dakuto*　　　外部フード　*Gaibu fu-do*

チャンバー　*Chamba-*

■ダクトの途中の曲がり、分岐箇所に設置される箱。
■ A box-shaped space where the ducts curve or branch off.
■箱室指在管道中途的弯曲部位和旁路处设置的箱子。
■ "Chamber" là khối hộp được bố trí tại những nơi gấp khúc hay phân nhánh giữa đường ống.
■ Celah berbentuk kotak dimana saluran melengkung dan bercabang.
■ အခေါင်းပေါက် ဆိုသည်မှာ ပိုက်လုံး၏အလယ်တွင် ကွေးနေပြီး အပေါက်ဖောက်ထားသောနေရာတွင် ပိုက်ဆက်ခွဲများ တပ်ဆင်ထားသောဘူးအားဆိုလိုသည်။

※10

アネモ　*Anemo*

■アネモ型吹き出し口のことで、冷気、暖気を部屋に拡散して排出することができる。
■ An outlet with a gradually widening shape for letting cold or warm air into the room.
■稳流管指稳流型扩散器，可向房间内散放冷气、暖气。
■ "Anemo" là cửa thông khí hình ống loe giúp khuếch tán luồng khí lạnh, luồng khí nóng vào trong phòng cũng như đưa chúng ra khỏi phòng.

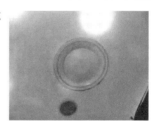

■ Outlet yang bentuknya melebar secara bertahap untuk mengeluarkan udara hangat atau dingin dalam ruangan.

■ လေဖလှယ်ပေါက်ဆိုသည်မှာ လေအေး၊ လေနွေး စသည်တို့ကို အခန်းတွင်းပျံ့နှံ့ဝင်ရောက်နိုင်အောင်ပြုလုပ် ထားသောနေရာကို ဆိုလိုသည်။

給気孔　*Kyuukikou* ─────────────

■室内へ新鮮な外部の空気を取り入れるための穴。

■ Hole for letting fresh air from outside into the room.

■供气孔指向室内送入新鲜外部空气的孔。

■ "Kyuukikou" là lỗ thông hơi giúp đưa không khí trong lành từ bên ngoài vào trong phòng.

■ Lubang untuk memasukkan udara segar ke dalam ruangan.

■ လေဝင်ပေါက်ဆိုသည်မှာ ပြင်ပရှိလတ်ဆတ်သောလေများအား အတွင်းသို့ဝင်စေသောအပေါက်ကို ဆိုလိုသည်။

赤水　*Akamizu* ─────────────

■給水管から鉄管の錆が混じり赤くなった水。

■ Rusty red-colored water caused which rust dissolves from the metal water pipes.

■红水指从供水管中流出的混有铁管锈的红色水。

■ "Aka mizu"(nước bị nhiễm phèn)là nước bị hòa lẫn gỉ sắt từ ống cấp nước và trở thành màu đỏ.

■ Air berwarna karat/merah yang timbul dari larutnya karat dari pipa suplai air.

■ ရေနီဆိုသည်မှာ ရေထောက်ပံ့ပေးသောသံပိုက်လုံးအတွင်းရှိ သံချေးများကြောင့် အနီရောင်ပြောင်း သွားသောရေကို ဆိုလိုသည်။

ウォーターハンマー　*Wo-ta-hamma-* ─────────────

■液体が充満している管路にて急激に圧力が上がること。

■ Phenomenon in which pipe pressure rapidly becomes too high when the pipe is overfull of water or other fluids.

■水锤指在充满液体的管路内压力急剧上升。

■ "Water hammer" là hiện tượng áp lực tăng lên đột ngột trong đường ống có chứa đầy chất lỏng.

■ Fenomena tekanan pipa secara cepat meningkat ketika pipa penuh dengan air atau zat cair lain.

■ ရေပိုက်တွင်းဆူညံမှုဆိုသည်မှာ အရည်စီးဆင်းနေသော ရေပိုက်အတွင်း ရုတ်တရက် ရေဖိအားတိုးလာခြင်း ကိုဆိုလိုသည်။

クロスコネクション　*Kurosu konekushon* ─────────────

■給水管に他の配管からの水が混じること。　■ Mixing of water from the water pipes.

■交叉连接指供水管中混有来自其他配管的水。

■ "Cross-connection" là việc nước từ các ống dẫn hòa lẫn vào nhau trong đường ống cấp nước.

■ Mencampur air ke satu pipa dengan pipa air lain.

■ ကန့်လန့်ဆက်သွယ်မှုဆိုသည်မှာ ရေပိုက်များအားပင်မရေပိုက်နှင့် ဆက်သွယ်ခြင်းကို ဆိုလိုသည်။

通気管　*Tsuukikan*

■配水管にてスムーズに水を排出するために、空気を流入させる管。

■ Pipe which lets air into the water distribution system for pushing water smoothly in the water pipes.

■通风管指使空气流入的管子，以便可利用水管顺畅排出水。

■ "Tsuukikan" là đường ống dẫn khí có vai trò đưa không khí vào nhằm giúp đẩy nước thoát ra thông qua hệ thống ống dẫn một cách dễ dàng.

■ Pipa yang memungkinkan udara ke dalam sistem distribusi air untuk melancarkan pembuangan air.

■ လေဆိုးထုတ်ပိုက်ဆိုသည်မှာ ရေဆိုးများချောမွေ့စွာ စီးဆင်းနိုင်ရန်အတွက် လေများဝင်ရောက်စေသောပိုက်ကို ဆိုလိုသည်။

グリーストラップ　*Guri-su torappu*

■厨房からの排水中に含まれる油分を取り除く装置。

■ Device for removing grease and food solids from kitchen waste water before letting it flow into the sanitary sewer system.

■除油器指去除厨房排水中含有的油分的装置。

■ "Grease trap" là thiết bị giúp loại bỏ dầu mỡ có trong nước thải nhà bếp.

■ Alat untuk menghilangkan minyak dalam pembuangan air dapur.

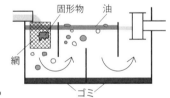
固形物　油
網
ゴミ

■ ဆီစုပ်ပစ္စည်းဆိုသည်မှာ မီးဖိုချောင်အတွင်းရှိ ဆီစွန်းနေသော စွန့်ပစ်ပစ္စည်းများ၏ဒဏ်ကိုခံနိုင်သောအရာကို ဆိုလိုသည်။

浄化槽　*Joukasou*

■屎尿や排水を集めて、浄化するための設備。

■ Equipment for gathering and treating sewage.

■化粪池指收集屎尿及排水进行净化的设备。

■ "Jyoukasou"(bể rác tự hoại) là một thiết bị dùng để tập hợp và xử lý phân, nước tiểu cũng như nước thải sinh hoạt.

■ Alat untuk mengumpulkan dan memurnikan kotoran manusia.

■ မိလ္လာကန်ဆိုသည်မှာ ကျင်ကြီးကျင်ငယ်၊ ရေဆိုးများအား စုဆောင်း၍ သန့်စင်အောင် ပြုလုပ်ပေးသည့် နေရာကို ဆိုလိုသည်။

塩ビライニング鋼管　*Embi rainingu koukan*

- ■鋼管の内側にポリ塩化ビニルをライニングした鋼管。
- ■ Steel pipe with an inside surface that is coated with a polyvinyl chloride layer (PVC).
- ■ PVC 内衬钢管指钢管内侧有聚氯乙烯内衬的钢管。
- ■ "Enbi lining koukan" là ống thép có phủ nhựa PVC ở mặt trong.
- ■ Pipa baja dengan permukaan pada bagian dalam dilapisi dengan Polivinil Klorida (PVC).
- ■ PVC ပိုက်ဆိုသည်မှာ စတီးပိုက်၏အတွင်းဘက်တွင် သံချေးမတက်အောင် ဓာတုပစ္စည်းထည့်သွင်း ပြုလုပ်ထားသည့်ပိုက်ကို ဆိုလိုသည်။

架橋ポリエチレン管　*Kakyou pori echiren kan*

- ■温水にも使用できるポリエチレン製の配管。
- ■ Water pipe which is made from polyethylene and possible to use for distributing hot water.
- ■交联聚乙烯管指在热水中也可使用的聚乙烯制配管。
- ■ "Kakehashi polyethylene kan" là ống dẫn làm bằng chất liệu poly etilen có thể sử dụng được cả trong nước nóng.
- ■ Pipa air yang terbuat dari polietilen dan memungkinkan digunakan untuk mengalirkan air panas.
- ■ ပေါ့ပါးသန့်မာသောပလပ်စတစ်ပိုက်ဆိုသည်မှာ ရေပူများစီးဆင်းနိုင် ရန်တပ်ဆင်ထားသောပိုက်ကို ဆိုလိုသည်။

  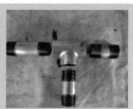

カラン　*Karan*　　※11　エルボ　*Erubo*　　チーズ　*Chi-zu*

インコア　*Inkoa*

- ■ポリブデン管、架橋ポリエチレン管の端を締め付ける場合に、管がつぶれないように管の中に入れる部材。
- ■ Tool which is put inside the pipe in order to prevent it from being broken when fastened.
- ■内芯指在拧紧聚丁烯管、交联聚乙烯管端部时，为了防止损坏管子而放入管中的构件。
- ■ "In core" là dụng cụ được đưa vào bên trong ống dẫn nước để ngăn việc nứt bể khi siết chặt đầu ống.
- ■ Alat yang dimasukkan ke dalam pipa untuk mencegah bertabrakannya pipa saat mengikat ujung pipa sambungan polietilen dengan pipa polibutena.

管

インコア

■ အတွင်းအစွပ်ဆိုသည်မှာ ပလပ်စတစ်ရေပိုက်၏၊ အစွန်းတစ်ဖက် အတွင်း၌ နိုင်မြစွာတပ်ဆင်သည့်အခါ ပိုက်အားကျွတ်မထွက်သွားစေရန် ပိုက်အတွင်းတွင်ထည့်သော အစိတ်အပိုင်းကို ဆိုလိုသည်။

エルボ返し　*Erubo gaeshi*

■エルボを用いて曲げて配管すること。

■ The action of using the elbow to change the direction of the pipe flow.

■回转弯头指使用弯头进行弯曲配管。

■ "Elbow kaeshi" là việc dùng co nối ống để chuyển hướng đường ống dẫn.

■ Penggunaan siku untuk mengubah arah pipa.

■ အဆစ်ချိုး၊ပိုက်ဆက်ကွေးဆိုသည်မှာ ပိုက်ဆက်အားကွေးအောင်ပြုလုပ်၍ ပိုက်ချင်းဆက်သောအရာကို ဆိုလိုသည်။

インバート枡　*Imba-to masu*

■汚物や固形物が底部に貯まらないように加工した桝。

■ Tool with a specially-designed shape for preventing dirt and solid objects from being stuck at the bottom.

■反转箱指为了防止污物及固形物积存于底部而设计的箱斗。

■ "Invert masu" là phụ tùng được sản xuất chuyên biệt để tránh việc rác hoặc những vật cứng bị tích trữ lại ở dưới đáy.

■ Alat dengan bentuk desain khusus untuk mencegah terjebaknya kotoran dan benda padat lainnya di bagian bawah.

■ ရေဘားဆိုသည်မှာ ရေပိုက်အတွင်းအညစ်အကြေးများ စုပုံမပိတ်ဆို့ စေရန် တပ်ဆင်ထားသောတိုင်းတာသည့်ခွက်ကို ဆိုလိုသည်။

吸音　*Kyuuon*

■音を吸収させること。

■ The process of absorbing sound energy using appropriate materials.

■吸音指可吸收声音。

■ "Kyuuon" là từ để chỉ tính năng hút bớt âm thanh của vật liệu hay công tác tiêu âm.

■ Proses penyerapan suara.

■ အသံစုပ်ပစ္စည်းဆိုသည်မှာ အသံစုပ်ယူသောအရာကို ဆိုလိုသည်။

トラップ枡
Torappu masu

遮音　*Shaon*

■音を反射または吸収し、通過する音を小さくすること。

■ The process of absorbing or reflecting sound energy in order to reduce the sound passing through a room or a building.

■隔音指反射或吸收声音，从而减少通过的声音。

■ "Shaon" là việc phản xạ hoặc hấp thu âm thanh nhằm làm nhỏ đi âm thanh được truyền qua.

■ Proses memantulkan atau menyerap suara agar suara yang tembus/lewat menjadi kecil.

■ အသံကာပစ္စည်းဆိုသည်မှာ ဝင်လာသောအသံများအားလျှော့ချပေး၍ စုပ်ယူသည့်အရာကို ဆိုလိုသည်။

エキスパンションジョイント　*Ekisupanshon jointo*

■弾性をもつ材料で設置された継手。なお、弾性とは、伸びたり縮んだりしても、元の形に戻ることをいう。

■ Joining tool made from elastic materials. (Elastic materials are materials which are able to resume their normal shape after being stretched or compressed.)

■伸缩接头指利用弹性材料设置的接头。另外，弹性指伸缩后可返回原来形状。

■ "Expansion joint" là một dụng cụ nối được chế tạo từ những vật liệu có tính đàn hồi. (Tính đàn hồi là khả năng vật liệu trở lại hình dạng ban đầu cho dù bị kéo dãn hay co rút lại) .

■ Alat penyambung yang terbuat dari material elastis. (Material elastis adalah material yang bisa kembali ke bentuk normal setelah direnggangkan/dimampatkan.)

■ ပြန့်ကားသောအဆက်ဆိုသည်မှာ ဆန့်၊ ကျုံ့သတ္တိရှိ၍ ချိတ်ဆက် နိုင်သောပစ္စည်းကို ဆိုလိုသည်။ ဆန့်၊ ကျုံ့သတ္တိဆိုသည်မှာ ဆွဲဆန့်ခြင်း ၊ တွန်းဖိခြင်းတို့ပြုလုပ်ပြီးနောက် မူလအတိုင်းပြန်ဖြစ်နိုင်သော သတ္တိဖြစ်သည်။

※1　出典：株式会社トラストコーポレーション「吊り足場施工実績　吊り足場3」(https://www.trust-gr.net/2018/07/02/%e5%90%8a%e3%82%8a%e8%b6%b3%e5%a0%b4%ef%bc%93/)

※2　ⓒ PhY「DTM-A20LG-04」2006 (https://commons.wikimedia.org/wiki/File:DTM-A20LG-04.jpg、CC：表示 - 継承ライセンス 3.0 で公開)

※3　ⓒメルビル「Pin-conect」2011 (https://commons.wikimedia.org/wiki/File:Pin-conect.jpg、CC：表示ライセンス 3.0 で公開)

※4～9、11　写真：photoAC

※10　出典：株式会社フカガワ「製品情報　リニアディフューザーチャンバー (LD チャンバー)」(http://www.ductnet.com/products/DiffuserRegister/Chamber/LDCH/)

イラスト：野村彰
(たこ、クランプ、下げ振り、かすがい、鉋、H型鋼・I型鋼、チャンネル、グラスウール、入隅・出隅、トーチ、カニクレーン、インバート枡、トラップ桝、および p.179)

INDEX

参考文献

・板倉由実、弘中章、尾家康介編著『現場で役立つ！外国人の雇用に関するトラブル予防 Q & A』（労働調査会、2018）

・嘉納英樹編著『はじめての外国人雇用』（労務行政、2019）

・近藤秀将『外国人雇用の実務　第 2 版』（中央経済社、2018）

・佐藤昌弘『凡人が最強営業マンに変わる魔法のセールストーク』（日本実業出版社、2003）

・中村信仁『営業の魔法』（ビーコミュニケーションズ、2007）

・日本政府観光局『TOURIST'S LANGUAGE HANDBOOK　日英会話筆談集』（2019）

・濱川恭一『これ 1 冊でまるわかり！必ず成功する外国人雇用』（プチ・レトル、2018）

・降籏達生『その一言で現場が目覚める：建設工事に学ぶ「リーダー」のコミュニケーション術』（日経 BP 社、2014）

・横関雅彦（ウェブサイト）「外国人雇用の教科書」https://visa.yokozeki.net/

・ロッシェル・カップ、千代田まどか『マンガでわかる外国人との働き方』（秀和システム、2019）

・若松絵里『中小企業のための外国人雇用マニュアル』（ベストブック、2018）

降籏 達生（ふるはた　たつお）

ハタ コンサルタント株式会社　代表取締役
NPO 法人建設経営者倶楽部 KKC　理事長

1961 年、兵庫県神戸市生まれ。小学生の時に映画「黒部の太陽」を観て、困難に負けずにトンネルを掘り進む男たちの姿に憧れる。83 年に大阪大学工学部土木工学科を卒業後、熊谷組に入社。ダム工事、トンネル工事、橋梁工事など大型工事に参画。阪神淡路大震災にて故郷兵庫県神戸市の惨状を目の当たりにして開眼。建設コンサルタント業を始める。建設技術者研修 20 万人、現場指導 4000 件を超える。東京オリンピック施設、マンション傾斜問題等にて、建設の専門家としてテレビ、ラジオ、新聞取材多数。国土交通省「地域建設産業生産性向上ベストプラクティス等研究会」「キャリアパスモデル見える化検討会」「建設業イメージアップ戦略実践プロジェクトチーム」「多能工育成・働き方改革等検討会」の委員を歴任。

現在、"あなたの居場所はここにある"をモットーに、少年を一流の建設職人に育成する「G リーグ；技能リーグ」設立活動をしている。メールマガジン「がんばれ建設～建設業業績アップの秘訣～」は読者数 1 万 9000 人、日本一の建設業向けメルマガとなっている。

主な著書に、『建設版 働き方改革実践マニュアル』『今すぐできる建設業の工期短縮』『その一言で現場が目覚める：建設工事に学ぶ「リーダー」のコミュニケーション術』（いずれも日経 BP 社）、『建設業で本当にあった心温まる物語』（ハタ教育出版）、『受注に成功する！土木・建築の技術提案』（オーム社）、『建設業コスト管理の極意』（日刊建設通信新聞社、共著）など多数。

ハタ コンサルタント株式会社　http://www.hata-web.com/

外国人との建設現場コミュニケーション術
雇用・育成・トラブル予防のポイント

2020 年 9 月 5 日　　第 1 版第 1 刷発行

著　者　降籏 達生
発行者　前田裕資
発行所　株式会社 学芸出版社
　　　　〒600-8216　京都市下京区木津屋橋通西洞院東入
　　　　電話 075-343-0811
　　　　http://www.gakugei-pub.jp/
　　　　E-mail info@gakugei-pub.jp
編集担当　神谷彬大

装丁・DTP　KOTO DESIGN Inc.　山本剛史・萩野克美
印　刷　イチダ写真製版
製　本　新生製本

© 降籏 達生 2020　　　　　　　　　　Printed in Japan
ISBN 978-4-7615-1371-9